WHITE STRATEGY

Von der Kunst, unternehmerische Zukunft neu zu denken

Michael Reiß

Jochen Schenscher

Lothar Steiger

„Wir können die Zukunft nicht vorhersagen, aber wir können uns mit ihr beschäftigen."

Perikles (490 – 429 v. Chr.)

Die Zukunft ist eine Zeit ohne Fakten.

WHITE STRATEGY

Hinweis

Wir hatten die Idee verfolgt, durchgängig die feminine Sprachform einzusetzen. Zugegebenermaßen stellte dieser Ansatz sich nicht als die bessere Lösung heraus. Deshalb haben wir aus Gründen der Lesbarkeit weitgehend doch die maskuline Sprachform als neutrale Sprachform verwendet. Damit soll niemand diskriminiert werden, die neutrale Sprachform ist als nichtbinär zu verstehen.

White Strategy
2. aktualisierte und überarbeitete Auflage

Weiterhin sind im CONCEPTEMverlag erschienen:
Scheitern ist scheiße – Von der Klugheit, unternehmerische Fehler zu vermeiden
Weitere Informationen dazu finden Sie unter:
https://www.conceptem.de/shop/conceptemshop

Satz, Druck & Bindung: Harfe-Verlag und Druckerei GmbH, Rudolstadt
ISBN 978-3-9814343-7-8

Bibliografische Information der Deutschen Nationalbibliothek
Die Deutsche Bibliothek verzeichnet diese Publikation in der Deutschen Nationalbibliografie. Detaillierte bibliografische Daten sind im Internet über http://dnb.d-nb.de abrufbar.

Eine unternehmerische Idee begegnet meist zehn Personen,

die spontan erklären, warum sie nicht umsetzbar ist.

Die Kunst ist es, den einen „Leuchtturm“ zu finden,

der lösungsorientiert denkt wie sie funktionieren könnte.

Dieses Buch haben wir den „Leuchttürmen“ gewidmet,

die bereit sind *neu zu Denken* und neue Wege zu gehen.

Stellvertretend herzlichen Dank an

Christian Hausmann,

der die erste *concepticus* ermöglichte.

Inhaltsverzeichnis

Abbildungsverzeichnis

Welche Fragen zu diesem Buch führten

Wie können Fähigkeiten für die Zukunft entwickelt werden? Wie kann Barrieren begegnet werden, die *Neu-Denken* behindern? Wie gelingt es, unternehmerisch neu zu denken? Wie kommt man effizient zu einer guten Entscheidung für oder gegen ein unternehmerisches Vorhaben?

Diese und weitere Fragen stellten sich, ausgelöst durch unsere Erfahrungen mit dem ritualisierten Planungsverhalten in der Industrie und den unkonventionellen Planungsansätzen der New Economy.

Die Beschäftigung damit führte dazu, dass die Methode »White Strategy« das erste Mal 2002 in Mainz umrissen wurde. In der Folge setzte sich ein komplementäres Team mit der Methode White Strategy auseinander, unterstützt durch die Bereiche Lehre, Pädagogik, Finanzen, Steuern und Recht. Daraus entstand das Strategiesystem CONCEPTEM® als unterstützendes Instrumentarium zur Methode, dessen Entwicklung auf Evaluationen und empirischen Beobachtungen von rund 350 Entrepreneuren beruht. Zwei Jahre später begann die Arbeit mit Studierenden an der Hochschule Mainz. Hierbei konnten neue Erfahrungen gewonnen werden, die Einfluss auf die Methode nahmen.

Seitdem haben sich die Einsatzgebiete erweitert. Methode und Vorgehensweise basieren auf bisher mehr als 6.000 empirischen Beobachtungen und Evaluationen von interessierten und aktiven Entrepreneuren und Intrapreneuren.

Die Erkenntnisse daraus haben wir in diesem Buch weitgehend zusammengefasst – Methode und Vorgehen, Barrieren und Fehler, Nutzen und Vorteile. Zum Teil haben wir dazu neue Begrifflichkeiten verwendet, bekannte Begriffe inhaltlich variiert oder neu eingeordnet. Im 6. Kapitel „Begriffe der White Strategy" sind diese beschrieben.

Unter dem Titel »Perspektiven« ist eine Sammlung zusätzlicher Impulse zusammengeführt, die unterschiedliche Themenbereiche berühren – mal ernst gemeint, mal provokant, mal augenzwinkernd.

Mainz, im August 2021

Michael Reiß, Jochen Schenscher, Lothar Steiger

Faszination einer Herausforderung

Was ist faszinierender als *Neues Denken*? Ist es nicht immer wieder eine große Herausforderung, sich vom Bisherigen zu befreien, Erfahrungen in einen neuen Kontext zu stellen, Vorurteile außer Acht zu lassen?

Neues Denken macht bewusst, dass wir uns mit einer Zukunft auseinandersetzen – die wir allesamt nicht kennen. Das ist ein oftmals schmerzhafter Prozess, denn es macht die Verantwortung für die kommenden Entscheidungen bewusst. Und doch muss jeder Entrepreneur und jeder Intrapreneur seine Entscheidung für oder gegen sein unternehmerisches Vorhaben in der Gegenwart für die Zukunft treffen.

Mit dieser Faszination begann ein Tag zu Beginn des neuen Jahrtausends. Auf dem Tisch lagen weiße Blätter und Stifte für Notizen bereit. Die Geschäftsführerin und ihr Kollege begannen damit, bisherige Überlegungen zu ihrer unternehmerischen Idee darzulegen. Dies führte uns zu der Frage, welche Vorstellungen beide von ihrem unternehmerischen Vorhaben haben, welche Ziele sie verfolgen. So begann eine engagierte Diskussion über den Sinn einer unternehmerischen Zielformulierung in der Zukunft, über das Für und Wider und den Umgang damit.

Spontan griffen wir auf eines der weißen Blätter Papier zurück, um damit stellvertretend die Zukunft zu visualisieren.

Nutzen wir die Analogie – wir schauen auf ein weißes Blatt und somit in die Zukunft. Alles ist offen, es ist nicht klar, in welche Richtung es gehen soll. In diesem Moment gibt es noch keine Orientierung – außer am vorderen Rand des Blattes. Es ist die Schwelle zwischen Gegenwart und Zukunft. Aber über was denken wir ab jetzt nach? Was wollen wir konzeptionieren, diskutieren, reflektieren und letztendlich ökonomisch bewerten, um eine unternehmerische Entscheidung treffen zu können? Wohin soll es gehen? Also setzen wir einen Punkt als Ziel auf dieses leere Blatt und haben damit eine erste Orientierung in der Zukunft.

Über die Jahre war zu beobachten, dass die an diesem Tag entstandene einfache Erklärung durchgängig verstanden und akzeptiert wurde. Es wurde sofort bewusst, welche Vorteile eine Orientierung in der Zukunft hat und öffnete damit Entrepreneuren und Intrapreneuren die notwendige Perspektive für den persönlichen und strategischen Umgang mit der Zukunft.

So wurde ein weißes Blatt zur Visualisierung der Zukunft und deren Nichtvorhersehbarkeit gleichzeitig Symbol der Methode White Strategy ...

IDEENSPEICHER

Blitzartig schießt eine geniale Idee durch den Kopf ... ein anderer Gedanke kommt dazwischen ... und schon ist sie wieder weg!

Um dies zu verhindern, dient der „Ideenspeicher" dazu, Gedanken festzuhalten und damit Raum für Neues im Kopf zu schaffen.

Mein Gedankenblitz	Die nächsten Schritte

1. White Strategy – die Kunst des *Neu-Denkens*

Schwerpunkte dieses Kapitels

Eckpunkte der White Strategy

- Was bedeutet *Neues Denken*?
- Welche grundsätzlichen Elemente sind Bestandteil der Methode?
- Wie mit der Zukunft umgehen?
- Müssen wir unser Verhältnis zu den Kosten überdenken?
- Warum sind Zahlenstränge und »Konzeptionelle Synapsen« von Bedeutung?

Der White Strategy liegt auch die Erkenntnis zugrunde, dass in vielen Unternehmen zu spät *neu gedacht* wird – und zwar erst dann, wenn innere oder äußere Notwendigkeiten dazu zwingend Anlass geben. Innere und äußere Rahmenbedingungen können *Neues Denken* verzögern oder blockieren. Ursachen dafür können zum Beispiel die Belastung durch das operative Geschäft oder die aktuelle Situation sowie interne Konventionen und tatsächliche oder gefühlte „Denkverbote" innerhalb der Organisation sein.

Das ist nicht ungewöhnlich. Der Mensch neigt dazu, erst im Angesicht von Problemen, Hindernissen und Widrigkeiten über Veränderungen nachzudenken. Diese Erkenntnis ist so neu nicht, denn wie schon Niccoló Machiavelli (1469 – 1527) treffend formulierte: „Es ist ein allgemeiner Fehler der Menschen, nicht in den Zeiten der Meeresstille mit dem Sturm zu rechnen".

1.1 Warum *neu denken*?

Erweitern wir die Erkenntnis von Niccoló Machiavelli um die Gedanken von Charles Darwin. Der in der Biologie als Darwinismus bezeichnete natürliche Selektionsprozess weist darauf hin, dass Anpassungsfähige sich an den Veränderungen der Umwelt orientieren und damit eine bessere Überlebenschance haben. Vergleichbares ist auch im unternehmerischen Bereich zu erkennen, was als „Entrepreneurship-Darwinismus" bezeichnet werden kann.

Er zeigt sich darin, dass der Stratege es schafft sein Unternehmen den Veränderungen des Marktes und der Umwelt rechtzeitig anzupassen. Dies bedeutet, dass auf Dauer diejenigen Unternehmen Vorteile haben, die am besten mit Veränderungen umgehen können.

Das bedingt allerdings, dass Entrepreneure wie Intrapreneure sich über die Notwendigkeit der Anpassung bewusst sind und ihre eigenen Fähigkeiten sowie die der Unternehmung weiterentwickeln. Sie sollten den zukünftigen Anforderungen gewachsen sein und sich vorausschauend mit Risiken und Chancen auseinandersetzen. Dazu ist es nötig, bereit zu Neuem Denken zu sein.

Als *Neues Denken* im Rahmen unternehmerischer Aktivitäten bezeichnen wir die grundsätzliche Bereitschaft, gewohnte Pfade zu verlassen und auch Perspektiven zu verändern, echte und künstliche Restriktionen zu hinterfragen sowie Fragestellungen zuzulassen, um Vergangenes und Gegenwärtiges zu überprüfen und in die Zukunft zu transformieren. Das Ergebnis in Form einer Entscheidung ist offen. Es kann zur Bestätigung, Modifizierung oder zum Verlassen des bisherigen Pfades führen, um sich für die Zukunft aufzustellen.

Passend dazu der Artikel „Das Geheimnis der Langlebigkeit“, der mit den Worten begann: „Selbst die größten Konzerne leben im Schnitt nur 40 bis 50 Jahre. Doch es gibt Giganten der ökonomischen Nachhaltigkeit. Sie erfinden sich immer wieder neu“ (Welt am Sonntag 2017: 23).

„Sich neu zu erfinden“ ist für jede Organisation – unabhängig von ihrer Größe – unmöglich, wenn sie nicht bereit ist, *neu zu Denken.* Mit dem Prozess des *Neu-Denkens* geht zudem eine strategische und unternehmerische Wachsamkeit einher, die für Routine und Ignoranz (innen) und für die Entwicklungen des Marktes (außen) sensibilisiert.

1.2 Wie *neu denken*?

Neues Denken ist das zentrale Element der White Strategy. Deren Ziel ist es, durch objektives und zukunftsorientiertes Denken neue strategische Ansätze oder Strategien zu entwickeln oder auch die bisherige Vorgehensweise zu bestätigen. *Neu-Denken* ist eine Kunstfertigkeit, die individuell erlernt, geübt und verbessert werden kann und letztendlich von den entwickelten Fähigkeiten des Strategen abhängig ist. Dazu gehören unter anderem die Intuition, den Zeitpunkt des *Neu-Denkens* rechtzeitig zu erkennen, die Einnahme unterschiedlicher Perspektiven, Kreativität, Abstrahierungsvermögen sowie das Erfassen vorhandener und fehlender Plausibilitäten.

Die White Strategy wird als Methode zur vorausschauenden Konzeption für Unternehmen und Organisationen eingesetzt, wenn ein unternehmerisches Vorhaben oder eine Unternehmung, wichtige Teile davon oder grundlegende Aktivitäten und Prozesse *neu gedacht* werden sollen. Auslöser dafür sind unternehmerische Ideen wie Gründung, Sicherung, Expansion, Nachfolge, Übernahme, Launch (neues Produkt), Re-Launch (Neupositionierung eines bereits vorhandenen Produktes), Krisenbewältigung sowie andere Orientierungsphasen, denen die grundsätzliche Erkenntnis zugrunde liegt, dass Risiken oder Chancen übersehen werden könnten bzw. neu bewertet werden müssen. Um *Neues Denken* zu ermöglichen, setzt die White Strategy methodisch auf eine Abkopplung vom Bisherigen, indem die unternehmerische Idee in eine gedankliche „Start-up-Konstellation" versetzt wird. *Neu denken* und damit das Gestalten der Zukunft einer unternehmerischen Idee beginnt sozusagen mit einem weißen Blatt welches die Zukunft visualisiert – dem Symbol der White Strategy. Das weiße Blatt steht gleichzeitig für *Neues Denken* und macht damit bewusst, dass nun eine Auseinandersetzung mit der Zukunft erfolgt, die wir nicht kennen und deshalb nicht vorhersehbar ist – ein Aspekt der oftmals verdrängt wird. Gleichzeitig wird deutlich, dass die künftige Unternehmung erst noch zu beschreiben ist.

Abbildung 1: Das Symbol der White Strategy zur Verdeutlichung der unternehmerischen Auseinandersetzung mit der Zukunft

Aus der „Start-up-Konstellation" heraus entfaltet die White Strategy ihre Kraft durch das strukturierte Erarbeiten konzeptioneller Überlegungen, die somit die Grundlagen für den notwendigen Dialog, die damit verbundene Reflexion und für Entscheidungen bilden. Um diesen Prozess strukturiert gestalten zu können wurde ein passendes methodisch-didaktisches Instrumentarium entwickelt.

Es leitet die Vorgehensweise des Strategen und damit seine unterschiedlichen Perspektiven auf die unternehmerische Idee und den Markt. Als „Strategiesystem" konzipiert, führt es den Strategen durch die marktorientierte Entwicklung der unternehmerischen Idee bis hin zu seiner Entscheidung für oder gegen das Vorhaben – und provoziert dabei *Neues Denken.*

1.3 Wann *neu denken*?

Ausgangspunkt für *Neues Denken* ist eine unternehmerische Idee eines Entrepreneurs oder Intrapreneurs, die konkret formuliert sein kann oder dem Gefühl entspringt, sich neu orientieren zu müssen.

Schon steht eine erste Entscheidung an: Soll die Idee grundsätzlich weiterverfolgt werden oder nicht? Diese Entscheidung wird vor dem Hintergrund des möglichen Ziels und einer ersten gedanklichen Potenzialabwägung getroffen. Aus der Idee wird ein unternehmerisches Vorhaben, indem sie weiter aktiv modelliert und präzisiert wird.

In den weiteren Ausführungen beschäftigen wir uns mit unternehmerischen Ideen, die in unmittelbarer Beziehung zum Markt stehen und in unterschiedliche Vorhaben münden können. Als Erstes fällt dazu die Idee einer Unternehmensgründung ein, die grundsätzlich *Neues Denken* erfordert. Weitere können beispielsweise die Neuausrichtung einer Organisation, eines Unternehmens oder einer Geschäftseinheit, die Neuausrichtung des Angebotes, Expansionsüberlegungen, die Vorbereitung einer Nachfolge oder einer Übernahme sowie das Meistern einer Krise oder einer Umbruchsituation sein. All dies sind unternehmerische Ideen, denen die Strategen in laufenden Unternehmen begegnen können. Gemeinsam haben diese Ideen in den unterschiedlichen Unternehmensphasen und -situationen, dass ihr möglicher Erfolg in der Zukunft liegt.

1.4 Wo *neu denken*?

Wo findet *Neues Denken* statt? In einem Einzelunternehmen ist das „wo“ hinsichtlich Kopf und Hierarchie meist recht eindeutig. Auch in einem Start-up, bestehend aus mehr als einer, aber überschaubaren Anzahl von Personen ist es faszinierend zu erleben, wie *Neues Denken* hierarchiefrei stattfinden kann.

Betrachtet man ein etwas größeres Unternehmen als eine Gemeinschaft von Individuen, ist festzustellen, dass bezogen auf Funktionsbereiche und Organisation nicht genau bestimmt werden kann, in welchen Köpfen *Neues Denken* stattfindet. Auch hier ist also *Neues De*nken hierarchiefrei. Allerdings findet durch die Verantwortungsübernahme – ob eine unternehmerische Idee weiterverfolgt wird oder nicht – üblicherweise eine hierarchische Zuordnung statt, unabhängig davon welchen Köpfen *Neues Denken* entsprungen ist.

Bezogen auf die unternehmerische Organisation zeigt sich, dass richtungsweisende unternehmerische Entscheidungen entweder auf strategischer oder auf taktischer Ebene gefällt werden. Die „Kultur“ *neu zu Denken* ist demnach auf diesen Ebenen eine grundsätzliche Anforderung.

1.5 Herausforderungen

Als große Herausforderung für *Neues Denken* stellen sich eigene gedankliche Blockaden dar. Daher muss der Stratege seine eigenen Konventionen erkennen; entsprechend auch die Konventionen innerhalb einer Organisation. Im Rahmen der Methode White Strategy wird deshalb eine Abkopplung von einschränkenden Einflussfaktoren vorgenommen.

> **Inhaltliche Abkopplung**
> Die unternehmerische Idee wird in eine sogenannte „Start-up- Konstellation“ versetzt und das Vorhaben in dieser konzeptionellen Phase aus Sicht des Marktes ökonomisch eigenständig in die (noch unbestimmte) Zukunft entwickelt.
> Mögliche Synergien mit dem bestehenden Geschäft werden erst in einem zweiten Schritt berücksichtigt und fließen dann bei Bedarf – und sofern sinnvoll – in die weitere Entscheidungsfindung mit ein.

Welche Vorteile bringt dem Strategen die »Inhaltliche Abkopplung«?

- Klarheit und Zustimmung, dass *neu* gedacht wird.
- Akzeptanz, dass Zukunft nicht vorherzusehen ist, trotzdem Entscheidungen für die Zukunft getroffen werden.
- Verständnis für Zielsetzung als notwendige Orientierung in der Zukunft.
- Vermeiden möglicher Engpässe von Ressourcen durch temporäres Ausblenden von Synergien.
- Bewusster Umgang mit Synergien in der Konzeption in einem weiteren Schritt.
- Bisherige Erfahrungen werden bewusst(er) hinterfragt, ob sie auch für dieses unternehmerische Vorhaben zutreffen und gegebenenfalls miteinbezogen.

Persönliche Abkopplung

Vorhandene Fähigkeiten des Strategen werden zu Beginn ermittelt und dann temporär ausgeblendet.

Der Fokus liegt ab jetzt ausschließlich auf der Frage, welchen Anforderungen sich das unternehmerische Vorhaben stellen muss, um am Markt erfolgreich zu sein und die gestellten Ziele zu erreichen. Diese Frage bezieht sich auf alle Aktivitäten des Vorhabens und schließt die Funktionen der Unternehmung sowie die qualitative und quantitative Beschreibung der Organisation mit ein. Der Stratege kann in der Organisation eine Funktion übernehmen; dies ist aber nicht zwingend.

Welche Vorteile bringt dem Strategen die »Persönliche Abkopplung«?:

- Die vorhandenen Fähigkeiten des Strategen werden mit den Anforderungen an die handelnden Personen innerhalb der Organisation abgeglichen. Dadurch werden mögliche Lücken besser erkannt, Fähigkeiten werden nicht unbedacht unterstellt.

Weitere Vorteile der »Persönlichen Abkopplung« liegen darin, kognitive Verzerrungen zu reduzieren. Dazu gehören unter anderem (nähere Beschreibungen dazu – siehe in Kapitel 6):

- Confirmation Bias (Bestätigungsfehler) – was die Neigung bezeichnet, bevorzugt diese Informationen auszuwählen, die eigene Erwartungen bestätigen (vgl. Stangl, 2021).
- Bias Blind Spot (Verzerrungsblindheit) – die thematisiert, dass wir unsere eigenen Einschätzungen eher als objektiv beurteilen.

Gleichzeitig glauben wir, weniger als andere von verzerrenden Verhaltenseffekten betroffen zu sein (vgl. tradercampus, 2021).
- Duning-Kruger-Effekt – der sich darauf bezieht, dass Unwissenheit offenbar oft zu mehr Selbstvertrauen führt als Wissen (vgl. Geo, 2021).

Um diesen kognitiven Verzerrungen und anderen gedanklichen Barrieren zu begegnen, setzt die White Strategy neben den Ab- und Entkopplungen auf weitere methodisch-didaktische Elemente. Diese zielen unter anderem auf die Unterstützung von notwendigen Perspektivenwechseln und auf die Hinführung zu neutralen Positionen, um Objektivität besser zu ermöglichen. Die Methode ist weiterhin darauf ausgelegt, dabei zu Lernen, Wissen anzureichern und den Horizont zu erweitern.

Zeitliche Entkopplung
Für die angedachte Realisierung des Vorhabens wird ein zukünftiger Zeitpunkt vorläufig festgelegt. Er wird mit angemessenem Abstand zu gegenwärtigen Aktivitäten bestimmt. Dadurch kann *Neues Denken* von zeitlichen Restriktionen des bisherigen operativen Geschäfts entkoppelt werden.

„Schon Gedachtes" wird genutzt, indem bereits gemachte Überlegungen und Erfahrungen aus unterschiedlichen Perspektiven nochmals auf den Prüfstand gestellt werden. Ergeben sich keine neuen Erkenntnisse, die eine Modifizierung verlangen, kann „das schon Gedachte" in die laufende Konzeption integriert werden.

Welche Vorteile bringt dem Strategen die »Zeitliche Entkopplung«?
- *Neues Denken* wird vom Operativen zeitlich entkoppelt.
- Notwendige Vorbereitungen für den Markteintritt werden bewusst gemacht und berücksichtigt – Vorläufe werden geplant.

Emotionale Abkopplung
Beim Durchdenken unternehmerischer Ideen offenbaren sich oft zwei grundsätzliche emotionale Einflüsse:
Häufig besteht die Tendenz, „gute Ideen" aus einem laufenden Prozess der Konzeptionierung ganz oder teilweise sofort umsetzen zu wollen. Daraus können jedoch neue, bisher noch nicht betrachtete und bewertete Risiken entstehen.

Ein anderer Einfluss ist der Umgang des Strategen mit erkannten Anforderungen – in diesem Beispiel finanzieller Art. Daraus resultieren zwei häufige Verhaltensweisen:

1. Übersteigen diese Anforderungen seine persönlichen Vorstellungen gibt sich der Stratege zu schnell geschlagen. Es kommt zu einem frühen STOP, mögliche Chancen können deshalb übersehen werden.

2. In diesem Fall passt der Stratege die für das Vorhaben notwendigen finanziellen Ressourcen im laufenden Prozess der Konzeptionierung seinen persönlichen Einstellungen und Vorstellungen an. Dabei blendet er die Anforderungen des Marktes aus, er korrigiert weder seine Ziele noch die Aktivitäten entsprechend. Dadurch entsteht die Gefahr einer Lücke zwischen den Anforderungen des Marktes, den Zielen und den bereitzustellenden Ressourcen – über fehlende Plausibilitäten wird hinweggesehen. Seine emotionalen Restriktionen gefährden schon jetzt die mögliche Unternehmung.

Die inhaltliche, die persönliche und die zeitliche Entkopplung beeinflussen sich gegenseitig und zielen gleichzeitig auf eine emotionale Abkopplung des Strategen. Sie unterstützt ihn darin, die Konzeption in seiner Gänze fertigzustellen, bevor eine erste Entscheidung für oder gegen das Vorhaben getroffen wird.

Welche Vorteile bringt dem Strategen die »Emotionale Abkopplung«?:

- Er vermeidet Risiken, indem neue Ideen nicht ungeprüft in ein laufendes Geschäft integriert werden.
- Aus Zielen und Markt ergeben sich Anforderungen an die mögliche Unternehmung – sie werden erkannt, akzeptiert und in der Konzeption berücksichtigt.
- Eine disziplinierte Vorgehensweise wird unterstützt. Dadurch wird die unternehmerische Idee ausreichend tief durchdacht, um keine voreiligen Schlüsse zu ziehen.

EXKURS: Schöpfung und Zerstörung

Neu denken kann auch dazu führen, dass eine unternehmerische Idee entsteht, die das derzeitige Geschäftsmodell stark verändert. Im Extremfall kann dies sogar die Aufgabe des Unternehmens oder von Teilen davon nach sich ziehen. Solche Veränderungen können beispielsweise durch neue Technologien oder neue Produkte ausgelöst werden, die eine bestehende Technologie oder ein bestehendes Produkt (impliziert auch Dienstleistungen) bzw. ganze Geschäftsmodelle teilweise oder vollständig verdrängen. Spätestens dann ist *Neues Denken* zwingend, idealerweise wird *Neues Denken* jedoch früher initiiert.

1.5.1 Zielsetzung

Wir verstehen die Zukunft einer unternehmerischen Idee stellvertretend als ein weißes Blatt. Noch ist nicht klar, wohin sich die Idee entwickeln soll. In die Zukunft führen viele Wege, weshalb eine Orientierung in Form einer Zielsetzung notwendig ist.

Abbildung 2: Ein gesetztes Ziel ermöglicht Orientierung in der Zukunft

Im Rahmen der White Strategy setzt der Stratege durch seine unternehmerische Zielvorstellung für sein Vorhaben den ersten Orientierungspunkt in die Zukunft. Damit einher geht eine erste, vage Potenzialeinschätzung der unternehmerischen Idee in Anbetracht des angenommenen Marktes.

1.5.2 Umgang mit der Zukunft

Die Entstehung einer unternehmerischen Idee basiert auf Entwicklungen aus der Vergangenheit und der Gegenwart. Mit dieser Idee ist die Einschätzung verbunden, dass sie aufgrund der zukünftigen Entwicklungen auf Nachfrage stößt.

> **Die Zukunft ist eine Zeit ohne Fakten.**
>
> aus: Perspektiven, CONCEPTEMverlag©

Beispielhaft ist dies in der folgenden Skizze dargestellt. Unterschiedliche Entwicklungen wie beispielsweise Mobilität, IT, Energie oder Mode und weitere Trends entstehen in der Vergangenheit mit unterschiedlichen Verläufen. Gleiches geschieht dann weiterhin in der Zukunft. Im Moment der Gegenwart wird die unternehmerische Idee aktiv abgewogen und entschieden, ob sie aufgrund der Einschätzung der weiteren Entwicklungen weiterverfolgt werden soll oder nicht.

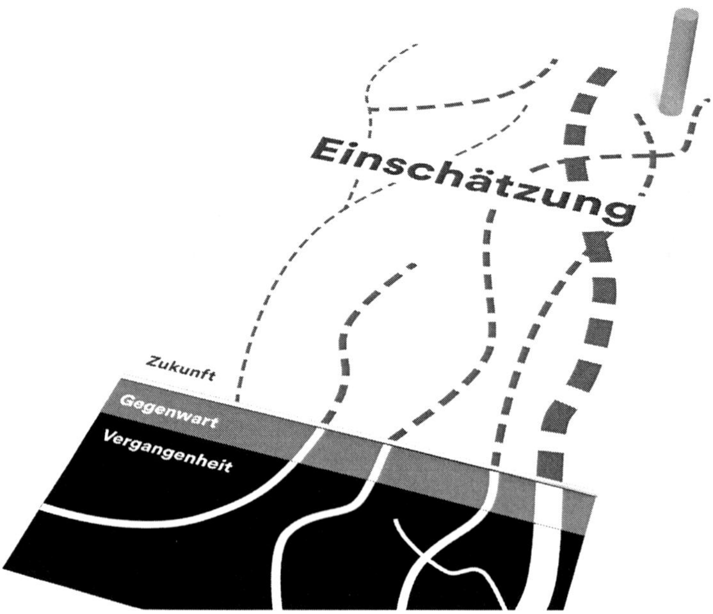

Abbildung 3: Zeiten mit und ohne Fakten

Während aus der Vergangenheit und Gegenwart Fakten vorhanden sind, ist die Zukunft noch ohne Fakten. So stellt sich die Frage, welche Hilfestellung dem Strategen nutzen kann, um seine Idee fundiert zu einem konkreten Vorhaben zu entwickeln.

1.5.3 Umgang mit den Zielen

Als Orientierung in einer Zeit ohne Fakten ist die Zielsetzung ein probates Mittel. Ein qualitativ und quantitativ gesetztes Ziel gibt dem Strategen einen ersten Orientierungspunkt in der Zukunft für die nachfolgende Konzeptionierung des unternehmerischen Vorhabens.

Für eine Zeit ohne Fakten
müssen Orientierungspunkte geschaffen werden.
aus: Perspektiven, CONCEPTEMverlag©

In der Praxis wird bevorzugt ein Zeithorizont von drei Jahren genutzt, der durch Meilensteine in drei gleiche Abschnitte unterteilt wird. Meilensteine entsprechen gesetzten Zielen. Üblicherweise sind auch Businesspläne auf drei Jahre ausgerichtet. Zudem ist in diesem Zeitraum meist zu erkennen, inwieweit sich eine neue Unternehmung trägt.

Wie in der Abbildung 4 aufgezeigt, wird ausgehend von einem gesetzten Startzeitpunkt das Ziel Ende Jahr 3 formuliert und damit der zeitliche Betrachtungszeitraum abgesteckt. Beide Orientierungspunkte dienen anschließend zur Ableitung zweier weiterer Meilensteine mit gleichem zeitlichem Abstand.

Die vier Orientierungspunkte in Abbildung 5 zeigen einen angedachten Verlauf zur konzeptionellen Entwicklung des Vorhabens auf. Alle zur Orientierung gesetzten Ziele können aus unterschiedlichen Gründen im konzeptionellen Prozess wieder verändert werden.

Plausibilitäten
sind die Basis für die unternehmerische Entscheidung.
aus: Perspektiven, CONCEPTEMverlag©

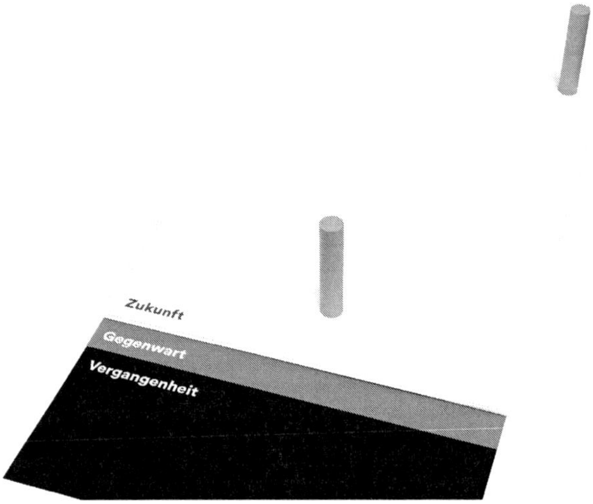

Abbildung 4: Abstecken des Betrachtungszeitraums

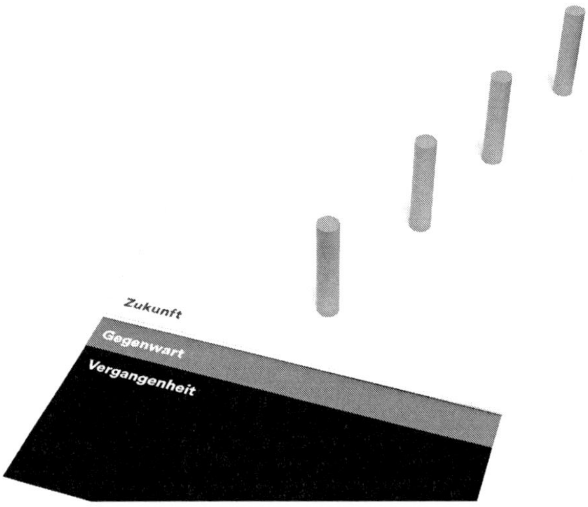

Abbildung 5: Vier Orientierungspunkte in der Zukunft: Ende Jahr 3, Jahr 2 und Jahr 1, Startzeitpunkt

1.5.4 Konzeptionierung des Vorhabens

Während seiner konzeptionellen Arbeit entwickelt der Stratege weitere, konkretere Vorstellungen für die Zukunft des gewählten unternehmerischen Vorhabens. Diese Vorstellungen bezeichnen wir als »Gedankenstränge«. Sie beziehen sich auf die vom Strategen erfassten Einflüsse, die auf das unternehmerische Vorhaben einwirken. Die Gedankenstränge bewegen sich im Schwerpunkt innerhalb der gesetzten Meilensteine, orientiert an dem angedachten Verlauf der gesetzten Ziele. Eine der Herausforderungen für den Strategen besteht darin, diese Gedankenstränge miteinander und mit den gesetzten Zielen zu verknüpfen und dabei die Wirkungsmechanismen und die gegenseitigen Abhängigkeiten zu erfassen. In der konzeptionellen Arbeit erfolgt die Formulierung der Aktivitäten unter Berücksichtigung ihrer jeweiligen Wirksamkeiten zur Zielerreichung.

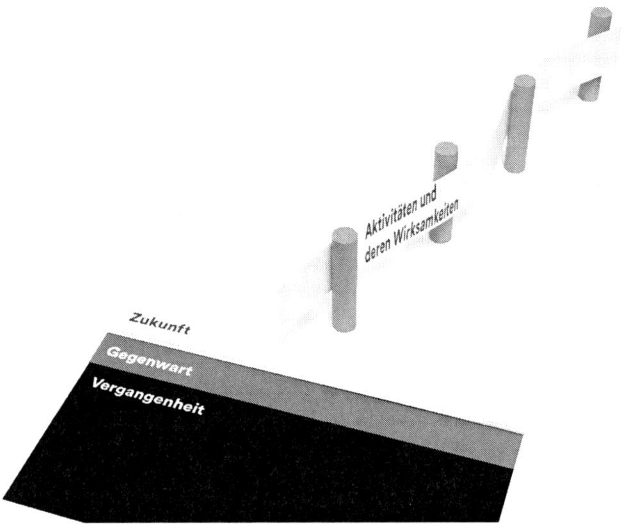

Abbildung 6: »Gedankenstränge« zwischen den Orientierungspunkten

Die in diesem Prozess entstehenden gedanklichen Verknüpfungspunkte zielen auf die Plausibilität des Gesamtkonzeptes, indem Ziele, Vorstellungen, Informationen mit bisherigen Entscheidungen abgeglichen werden. Denn letztendlich erhält das unternehmerische Vorhaben seine konzeptionelle Stabilität über die Plausibilitäten (siehe Abbildung 6).

Die gesamte Konzeption erfordert vom Strategen die Kunstfertigkeit,

- die einzelnen Bestandteile der Konzeption unter Einbeziehung des Marktes zu entwickeln und miteinander zu verbinden,
- zu bestimmen welche Bestandteile der Konzeption mit welchen Wirksamkeiten ausgestattet sind und
- zu entscheiden welche Bestandteile fixiert werden, welche variabel bleiben, welche ausgetauscht werden,

- abschließend zu entscheiden, ob die Konzeption in sich und in Verbindung mit dem relevanten Markt als plausibel eingeschätzt werden kann.

Wie lange dauert der konzeptionelle Prozess? Er endet, wenn die Konzeption als

- **plausibel,** auch: einleuchtend, (www.duden.de 2021) eingeschätzt und die unternehmerische Entscheidung für die Weiterverfolgung des Vorhabens getroffen wird, oder als
- **nicht plausibel** eingestuft wird, so dass sie gegebenenfalls weiter konzeptionell durchdacht werden muss oder die unternehmerische Entscheidung gegen das Vorhaben gefällt wird.

EXKURS: Ideenarchitektur
Bildhaft kann man sich die konzeptionelle Arbeit an einem unternehmerischen Vorhaben auch als „Ideenarchitektur" im Sinne der Gestaltung und Planung von Bauwerken vorstellen – beispielsweise anhand einer Brücke. Zunächst werden zur Orientierung Punkte gesetzt, nämlich der angedachte Beginn und das Ende der Brücke. Gegebenenfalls werden Pfeiler hinzugenommen, um die Verbindung zwischen Anfang und Ende zu erleichtern. Den Pfeilern und den Verbindungen werden sozusagen Wirksamkeiten hinsichtlich der angestrebten Tragfähigkeit zugeschrieben.
Diese Pfeiler und Verbindungen werden dabei nicht insgesamt fixiert, sondern nur in Teilen im Sinne getroffener Annahmen oder aufgrund als valide eingeschätzter Informationen. Gegebenenfalls werden geplante Pfeiler wieder verändert. Entsprechend sind die Verbindungen zu überdenken und zu verändern. Große Teile der Konzeption bleiben also variabel, werden aber für eine gewisse Zeit als fix angenommen, sofern keine neuen Erkenntnisse oder Einschätzungen vorliegen.
Ist die Brücke soweit konzipiert, wird deren Tragfähigkeit im Sinne der Plausibilität getestet, indem die Belastung durch die Überfahrt eines schweren Fahrzeuges simuliert wird. Stürzt die Brücke ein, muss sie verworfen oder qualitativ verbessert neu konstruiert werden.

1.5.5 Harmonie oder Disharmonie

Die Harmonie zwischen Umsatz und Kosten stellt einen wesentlichen Punkt der Plausibilität einer unternehmerischen Konzeption dar. Da Kosten dazu dienen, Umsatz zu erzielen und dieser wiederum Kosten verursacht, besteht sozusagen eine „Schicksalsgemeinschaft“ – verbunden durch die ausgewählten Aktivitäten.

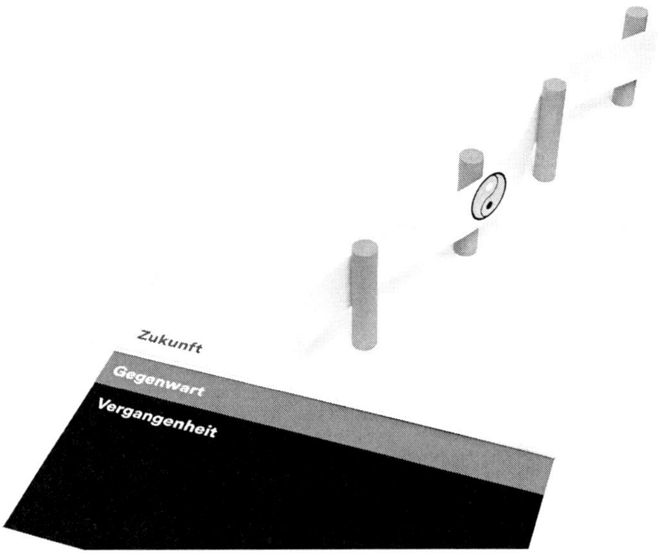

Abbildung 7: Harmonie von Umsatz und Kosten

Die angesprochene Harmonie bezieht sich nicht nur auf unternehmerische Vorhaben, die weiterverfolgt werden. Trotz vorhandener Harmonie in einer fertiggestellten Konzeption kann die unternehmerische Entscheidung gegen das Vorhaben ausfallen. Gründe dafür können beispielsweise sein, wenn das Ergebnis der Planung als nicht ökonomisch sinnvoll eingeschätzt wird oder erkannt wird, dass der Markt oder der Stratege noch nicht reif für das Vorhaben sind.

Die möglichen Gründe für Disharmonie in einer unternehmerischen Planung sind vielfältig. Dazu gehören beispielsweise, dass einzelne Bestandteile der Konzeption (z.B. Umsatz <-> Organisation <-> Kosten) nicht zueinanderpassen oder Wirksamkeiten falsch eingeschätzt sind (z.B. die Werbewirksamkeit, die Preisbereitschaft der Kunden, die Qualität der eigenen Organisation, die Attraktivität des Standortes und dergleichen mehr).

Ein weiterer Punkt ist zu beachten. Der erfahrene Stratege ist sich über die „Vergänglichkeit“ der Planung im Klaren und weiß, dass in der Realisierungsphase seine Annahmen nicht exakt eintreten werden. Dieser Aspekt erfordert auch schon in der Planungsphase eine offene Diskussion um die Diskrepanz zwischen Planung und Realisierung. Dabei geht es in dieser Phase vor allem um das Einstellen angemessener Reserven, um mögliche Verwerfungen bei der Realisierung eines Vorhabens überstehen zu können. Im Extremfall ist davon auszugehen, dass Kosten auch ohne Umsatz möglich sind, Umsatz ohne Kosten jedoch nicht.

Kosten ohne Umsatz sind möglich,
Umsatz ohne Kosten jedoch nicht.
aus: Perspektiven, CONCEPTEMverlag©

Wurde die Konzeption als plausibel eingeschätzt und der daraus entwickelte Plan verabschiedet, beginnt mit der Realisierungsphase die eigentliche Herausforderung des Controllings – in diesem Fall die aktive, zukunftsorientierte Steuerung durch den Strategen. Die Grundlage dieser Steuerung ist der vorliegende Geschäftsplan.

Die Analyse der Abweichungen – die zu Beginn eines Vorhabens erfahrungsgemäß groß sein können – sowie die dazugehörigen Erklärungen und Entscheidungen werden berücksichtigt und fließen in das folgende Planungsintervall ein, was die ursprüngliche Konzeption modifiziert oder bestätigt. Rollierend wird dieser Vorgang weiter fortgesetzt.

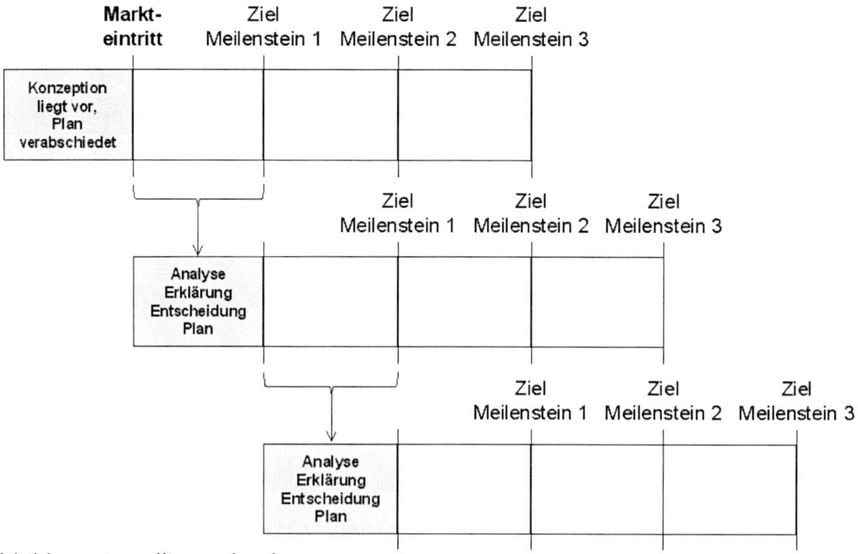

Abbildung 8: Rollierende Planung

Allerdings ist innerhalb der Organisation eine zu starke Bürokratisierung durch die „Rollierende Planung" möglichst zu vermeiden. Die Bürokratisierung birgt die Gefahr, dass durch unreflektierte Fortschreibung einer Planung Chancen oder Risiken übersehen werden und damit eine notwendige Anpassung der Unternehmung unterbleibt. Stattdessen ist häufig *Neu-Denken* erforderlich – was in der Praxis oftmals nicht geschieht. *Neu-Denken* meint in diesem Fall nicht ständig die Gesamtkonzeption in Frage zu stellen, sondern notwendigerweise Teile der Konzeption neu zu überdenken.

Die eigentliche Herausforderung an den Strategen ist in dieser Phase die Entscheidung für oder gegen eine konzeptionelle Veränderung. Hierbei bewegt er sich permanent auf dem schmalen Grat zwischen Starrsinn und Beharrlichkeit.

Die Gratwanderung

zwischen Starrsinn und Beharrlichkeit fordert den Strategen in der Umsetzung.

aus: Perspektiven, CONCEPTEMverlag©

Die mögliche Veränderung kann, wie schon beschrieben, die ganze Unternehmung betreffen oder auch Fragestellungen im Tagesgeschäft. Hierbei geht es nun häufig darum, ob die ausgewählten Aktivitäten im angenommenen Maße wirken oder nicht. Auch die Erklärung, warum sie nicht wie angenommen wirken, stellt eine weitere Herausforderung dar. Daher braucht es seitens des Strategen eine gewisse Beharrlichkeit, um zu erkennen und zu verstehen, welche Wirkungsgrade sich entfalten. Er läuft jedoch Gefahr zu spät zu handeln, wenn er in der ständigen Hoffnung verharrt, dass bessere Ergebnisse eintreffen. Dieses Verharren in der Hoffnung kann in Einzelfällen sogar zu Starrsinn führen. Die schlechte Nachricht: Aus diesen Widerstreit zwischen „Beharrlichkeit und Starrsinn" gibt es kein Entrinnen. Dieser Widerstreit ist das Los eines jeden Entrepreneurs oder Intrapreneurs – und es ist an seiner strategischen Weitsicht, diesen Widerstreit zu lösen.

Die gute Nachricht: Durch *Neues Denken*, durch Reflexion, auch mit Sparringspartnern, ist es möglich mit diesem Widerstreit besser umzugehen. Dazu gehört auch, den Aspekt der „Beharrlichkeit" in Verbindung mit Wirksamkeiten schon in der Konzeption zuzulassen und zu diskutieren.

Zusammenfassend kann festgestellt werden, dass drei wichtige Eckpunkte der White Strategy den Strategen fordern.

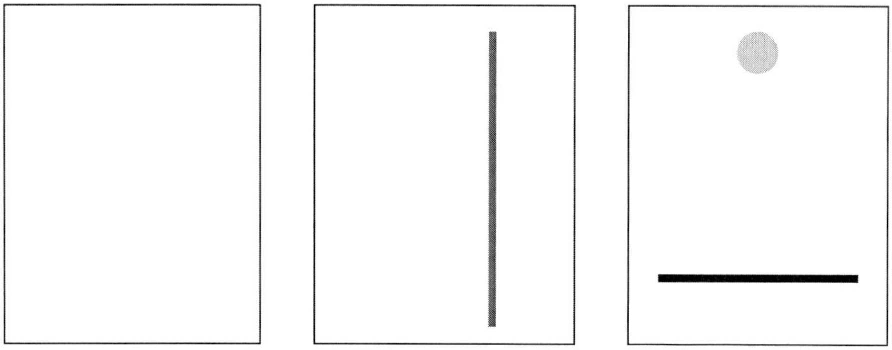

Akzeptanz
der noch „unbeschriebenen Zukunft" und damit offensiv umgehen

Wille
zur Entscheidung gibt Raum für strategische Auseinandersetzungen

Entkopplung
durch die „Start-up-Konstellation" und Orientierung in die Zukunft

Abbildung 9: Drei Eckpunkte der White Strategy

Er muss sich die „Unbeschriebenheit" der Zukunft bewusst machen, diese akzeptieren und damit offensiv umgehen. Dafür steht die linke Abbildung. Diese Einstellung stärkt den Strategen im Umgang mit seiner Planung, denn er ist sich in einem sicher – seine Planung wird kaum so eintreffen wie gedacht.

Er hat den Willen Entscheidungen zu formulieren und diese aufzuschreiben – in der zweiten Abbildung als Strich symbolisiert. Erst wenn der Stratege den Mut hat einen konkreten Strich auf ein weißes Blatt zu zeichnen, das für die Zukunft steht, auch mit dem Wissen, dass dieser Strich möglichweise verändert werden muss, ist eine fundierte Diskussion über diese konkretisierte, festgehaltene Überlegung möglich – man kann sich daran „reiben". Notwendigen Auseinandersetzungen gibt er damit Raum – mit sich selbst und mit anderen.

Die rechte Abbildung symbolisiert die „Start-up-Konstellation" zur Entkopplung vom Derzeitigen, um unbelastet(er) *neu denken* zu können und versteht die Zielsetzung als Orientierung in die Zukunft, die mit zunehmendem Horizont des Strategen wieder neu gesetzt werden kann. Er ist sich aber auch um die wichtige Entscheidungsfunktion der Zielsetzung bewusst, die ihm auch ermöglicht darüber zu entscheiden, ob das gesetzte Ziel mit dieser oder einer anderen unternehmerischen Idee besser zu erreichen ist.

1.6 Mysterium Umsatzplanung

Während die Planung der Kosten kaum Barrieren aufwirft, ist fast durchgängig zu beobachten, dass – neben der unternehmerischen Zielsetzung – nichts so schwer fällt wie die Umsatzplanung. Anmerkungen wie „woher soll ich wissen was an Umsatz kommt“ oder „dann schreibe ich halt mal etwas hin“ sind Indikatoren für dieses Gefühl. Dies erleben wir bei Start-ups, an der Hochschule und zum Teil auch in Unternehmen.

Erkenntnisse aus der Praxis:

- Die Kosten werden oft ohne größere Schwierigkeiten geplant. Natürlich ist das Zusammentragen der Kosten mit Arbeit verbunden, Recherchearbeit oder die Einholung von Kostenvoranschlägen sind notwendig. Auf dieser Grundlage werden die künftigen Kosten geschätzt – es entsteht ein Gefühl der Sicherheit, doch diese ist trügerisch. Denn Kosten beziehen sich auf festgelegte Aktivitäten zur Umsatzerzielung und sind damit ebenfalls von der künftigen Entwicklung abhängig. Ob die Wirkung der Aktivitäten aber wie angenommen eintrifft, ist nicht sicher.
- Warum ist die Planung des Umsatzes so schwierig? Wir fühlen uns unsicher, weil der Umsatz in der Zukunft liegt – aber das ist nicht das eigentliche Problem. Der ausschlagegebende Punkt ist das Wissen darüber, dass der Umsatz nicht von alleine kommt. Um ihn zu entwickeln ist es notwendig Aktivitäten zur Umsatzgenerierung zu bestimmen und daraus Wirkungsketten abzuleiten. Da diese weitgehend auf Annahmen und Einschätzungen beruhen, fällt es schwer, den Umsatz zu spezifizieren. Oftmals fehlt dazu das entsprechende Wissen. Dies führt zu einem tiefen Gefühl der Unsicherheit, was letztendlich eine Ablehnung der Umsatzplanung nach sich zieht.

Um uns der Problematik zu nähern und grundlegende Fehler in der Umsatzplanung zu vermeiden, denken wir im ersten Schritt darüber nach, welche Vorgehensweisen von vornherein verworfen werden sollten.

1.6.1 Fehler bei der Umsatzplanung

Welche Vorgehensweisen decken die Anforderungen an eine Umsatzplanung nicht ab oder basieren auf methodischen Fehlern?

„Die 12er Division"

Üblicherweise wird für ein neues Vorhaben auch ein Umsatzziel formuliert. Für die Liquiditätsplanung und für die Steuerung des Vorhabens ist es notwendig, den Kapitalfluss auf Monatsbasis zu betrachten.

Dafür wird häufig der Weg gewählt, das Jahresumsatzziel auf zwölf gleiche Teile zu verteilen. Sofern es sich um einen stagnierenden Umsatzverlauf handelt (was bei neuen Vorhaben eher nicht der Fall sein sollte), könnte dies zutreffen. Vor allem in der Phase des Aufbaus oder in einer starken Wachstumsphase kann nicht davon ausgegangen werden, dass der Umsatz monatlich in gleicher Höhe erzielt wird.

Erkenntnis: Das Jahresumsatzziel sollte also nicht unreflektiert durch zwölf Monate geteilt werden. Durch die Division des Umsatzes verlieren zudem die Umsätze den Bezug zu den geplanten Aktivitäten, deren Wirksamkeiten und den damit verbundenen Kosten.

„Potenzierung des Nichtwissens"

Häufig wird in einer frühen Phase eines neuen Vorhabens der Umsatz berechnet, um das Gefühl der Unsicherheit zu verdrängen. Multipliziert wird dazu die gewünschte Anzahl der Kunden, bezogen auf eine gewählte Verkaufsperiode (z.B. Tage oder Monat) mit der erhofften Anzahl der Käufe, dem möglichen Preis und der Anzahl der Verkaufstage. Mathematisch ist das möglicherweise der richtige Weg, jedoch sind zwei Fehlerquellen zu erkennen.

Die erste Fehlerquelle entsteht durch die Multiplikation selbst. Die multiplizierten Daten sind leider keine Fakten, sondern einfache Annahmen und zu diesem Zeitpunkt ohne qualitativen Unterbau. Dadurch werden Unsicherheiten in den Annahmen potenziert. Somit wird Nichtwissen multipliziert und das Ergebnis erlangt trotzdem quasi Faktenstatus – aus multiplizierter Unsicherheit wird sozusagen Glaube. Das ist die zweite Fehlerquelle. Gelangen diese Quasi-Fakten innerhalb einer Organisation zudem noch in falsche Hände, kann das „multiplizierte Nichtwissen" ein ungeahntes Eigenleben entwickeln.

Erkenntnis: Der Stratege muss sich über den extremen Grad der möglichen Abweichung bewusst sein, wenn Zahlen multipliziert werden, die mit hoher Unsicherheit belastet sind. Erschwerend kommt hinzu, dass der Bezug zwischen Umsatz und Kosten nicht mit bedacht wird.

„Excel-Falle"

Entsprechen die Zahlen einer Planung nicht den Erwartungen, wird gerne an den Zahlen „gedreht". Um für die damit verbundenen Gefahren zu sensibilisieren hier ein Beispiel, das wir schon in unserem Buch „Scheitern ist scheiße" aus der Perspektive der Fehlervermeidung aufgezeigt haben:

Die Anzahl der Kunden ist mit 100 angenommen, die jeweils 5 Mal kaufen und 2 Stück pro Kaufakt mitnehmen. Daraus ergibt sich eine Absatzmenge von 1.000 Einheiten. Bei einem Preis von 40 Euro beläuft sich der Umsatz auf 40.000 Euro.

Dieser von uns als „Excel-Falle" bezeichneter Vorgang ergibt sich nun aus den Überlegungen, dass wenn 100 Kunden kommen, auch 110 kommen können, wenn diese 5 Mal kaufen, doch auch 6 Mal kaufen könnten und statt 2 Einheiten pro Kaufakt gerne auch 3 Einheiten pro Kaufakt mitnehmen. Die neue Absatzmenge beläuft sich nun auf 1980 Einheiten. Da „vorsichtig" geplant wird, bleibt der Preis konstant bei 40 Euro. Das Ergebnis: Der Umsatz hat sich nahezu verdoppelt.

Wie die „Excel-Falle" beeindruckend beweist, führt das „Herumspielen an Zahlen" in die Irre. Es ist nicht klar, welche zusätzlichen oder veränderten Aktivitäten mit welchen Wirksamkeiten zu einem höheren Umsatz führen sollen. Insgesamt betrachtet verlieren Kosten und Umsätze ihren Bezug (Reiß/Schenscher/Fischbach 2018: 91 - 94).

Die Frage ist, was passiert mit dem daraus resultierenden Ergebnis? Bildet es die Grundlage für die Ausstattung der Unternehmung und deren Steuerung in die Zukunft? Trifft der Stratege daraufhin seine Entscheidung?

Erkenntnis: Zahlen benötigen einen qualitativen, erklärenden Unterbau. Ist dieser nicht vorhanden, haben sie keinen Bezug.

„Umsatzbasar"

Der tatsächlich stattgefundene Dialog zwischen einer Steuerberatung und einem Unternehmer bezüglich der Planung zeigt ein weiteres kritisches Moment auf. Dies ist allerdings nicht als Vorwurf an Steuerberater zu verstehen, die oftmals aufgrund ihrer Tätigkeit – nämlich Steuerberatung – mit den Feinheiten einer auf die unternehmerische Strategie in der Zukunft ausgerichteten Umsatzplanung nur bedingt vertraut sind.

Ich war heute bei meiner Steuerberatung. Da gab es noch ein paar Anmerkungen und Änderungswünsche. Im Wesentlichen geht es um die erwarteten Umsätze, die Reisekosten, die Website und die Markterschließungskosten. Sorry, wenn wir hier noch einmal ändern müssen. Für die Umsatzentwicklung möchte die Steuerberatung gerne eine etwas „pessimistischere" Annahme. Aus ihrer Sicht und in Anbetracht der Haftung sicherlich nachvollziehbar. Mir wurde eine Alternativrechnung aufgemacht, bei der sie die Hälfte der Erlöse angenommen haben. Das ist mir allerdings zu pessimistisch. Wir haben uns jetzt auf die Mitte geeinigt.

1) Ich schlage die folgenden Umsatzerlöse vor:
Jahr 1 ursprünglich: 28.530 Euro, neu: 21.500 Euro
Jahr 2 ursprünglich: 100.320 Euro, neu: 72.500 Euro
Jahr 3 ursprünglich: 186.510 Euro, neu: 132.000 Euro

2) Die Reisekosten sollten proportional zum Umsatz steigen. Hier vielleicht im 2. Jahr noch einmal 1.000 € und im 3. Jahr noch 2.000 € dazu.

3) Die Markterschließungskosten sollten sich dagegen proportional reduzieren. Vielleicht könnten wir hier entsprechend der Beträge oben in Punkt 2 um 1.000 bzw. 2.000 runtergehen.

Statt einer qualitativen Diskussion zu Aktivitäten und Wirksamkeiten werden in diesem Beispiel die Zahlen verhandelt. Diese Vorgehensweise zeigt ebenfalls eindrucksvoll, wie der Bezug zwischen Umsatz und Kosten verloren gehen kann. Auch inhaltlich stellen sich viele Fragen: Die Reduktion geplanter Erlöse würde zumindest nach sich ziehen, dass sich die variablen Kosten entsprechend verändern – wenn man einem solchen Ansatz folgen wollen würde. Warum sollten die Reisekosten eigentlich proportional zum Umsatz steigen? Muss nicht am Anfang wesentlich mehr gereist werden, um potenzielle Kunden zu besuchen und vom Nutzen des Angebots zu überzeugen? Aus welchen Gründen sollten die Markterschließungskosten (Erschließungskosten!) proportional reduziert werden? Welche Maßnahmen werden dafür verändert, auf welche Wirksamkeiten wird verzichtet, um dies zu erreichen? Wie erklärt man eine solche Planung, auf welcher Grundlage soll die Steuerung erfolgen?

Erkenntnis: Auch hier sehen wir wieder, dass die Zahlen ihren qualitativen Unterbau und ihren Bezug verlieren und nicht mehr erklärt werden können.

„Feuer ohne Holz“

„Wenn Umsatz kommt, dann gebe ich Geld für Vermarktung aus!“ – diese Aussage entspricht vielen Planungen für neue Vorhaben, insbesondere dann, wenn es sich um Markteinführungen handelt. Der gewählte Ansatz entspricht der Aussage: „Wenn das Feuer im Ofen brennt, dann kaufe ich Holz.“

Und dennoch prägt diese Aussage so manche Umsatzplanung. Dabei wird die Frage nach Ursache und Wirkung vernachlässigt. Erst benötigt man Holz, um Feuer zu machen, denn das ist die Wirkung. Analog dazu folgt der Umsatz den Vermarktungsanstrengungen. In der Planung definierte Aktivitäten dienen dazu, Umsatz zu erzielen. Da diese Ressourcen meist finanzielle Mittel benötigen, entstehen zuerst Kosten. Die Aussage müsste also heißen: „Wenn Kosten entstanden sind und die Aktivitäten positive Wirkung entfaltet haben, dann kommen voraussichtlich auch Kunden, die kaufen.“

Erkenntnis: Umsätze und Kosten stehen in Bezug – erst entstehen Kosten, daraus resultiert Umsatz.

„Realistisch oder plausibel“

Immer wieder ist zu hören, dass diese Planung doch realistisch sei. Dazu wird folgende Vorgehensweise beschrieben:

- „Den Umsatz habe ich vorsichtig geplant ... falls er nicht kommt!“
- „Die Kosten habe ich großzügig geplant ... falls wir mehr brauchen!“

Offensichtlich ist der Stratege während der Planung Opfer seiner eigenen Angst geworden. Wie die Praxis zeigt, ist mit dieser Vorgehensweise eine Schutzfunktion gegenüber sich selbst, gegenüber der internen Organisation oder dem externen Umfeld verbunden. Auf der Suche nach Sicherheit ignoriert er die gegenseitige Wechselwirkung von Umsatz und Kosten – sie werden entkoppelt und verlieren ihren notwendigen Bezug zueinander. Aktivitäten und Maßnahmen sind überbudgetiert. Gleichzeitig geht damit die Plausibilität der Planung und somit die Entscheidungsgrundlage verloren. Auch die Steuerungsgrundlage für eine mögliche Umsetzung ist nicht mehr vorhanden.

Erkenntnis: Gibt es überhaupt eine „realistische“ Planung? Eine Planung kann bestenfalls plausibel sein. Als „realistische“ Planung wird oftmals eine Planung bezeichnet, die losgelöst voneinander die Umsatzentwicklung unterzeichnet und die Kostenentwicklung überzeichnet. Das ist aber nicht plausibel, denn der gegenseitige Bezug ist verloren gegangen.

„Die Eichhörnchen-Strategie"

„Puffern" ist eine weit verbreitete Planungskrankheit, die sich vor allem in großen Organisationen zeigt. Dabei werden höhere Kosten und geringer Umsätze so plausibel wie möglich in die Planung eingestellt. Wie ein Eichhörnchen überall seine kleinen Nussdepots anlegt, bunkert jede Abteilung für sich an unendlich vielen Positionen munter vor sich hin – jede für sich, keine mit dem Blick aufs Ganze.

Für den „Planungserfüller" in großen Organisationen hat sich diese Vorgehensweise historisch als Überlebensstrategie bewährt. Das hat viel mit dem Verhalten innerhalb der Organisation zu tun. Meist kann für Unvorhergesehenes kein neues Budget beantragt werden, genauso wenig wie ein Budget ins Folgejahr verschoben werden kann. Auch eine nicht mehr zu erreichende Umsatzplanung kann nur mit größter Mühe reduziert werden. Der erfahrene Entscheider ist sich der Eichhörnchen-Mentalität der Organisation bewusst. Er lässt zuerst „die Luft aus der Planung" und zielt damit darauf ab, dass Umsätze und Kosten dann in angemessener Höhe ausgewiesen werden.

Aber selbst in Start-ups ist „Puffern" angesagt. Ungeschickterweise stehen sich hier Entscheider und „Planungserfüller" oft in einer Person gegenüber. Durch das unkontrollierte „Puffern" verlieren Kosten und Umsätze ihren Bezug und die Höhe des Gesamtpuffers ist für den Strategen kaum mehr einschätzbar. Die notwendige Transparenz für Entscheidungen und Steuerung geht verloren.

Erkenntnis: Um einen klaren Blick auf die Situation zu behalten ist es für den Strategen sinnvoll Puffer separat auszuweisen – nachdem vorher plausible Werte in die Planung eingestellt wurden. Zudem ist es wichtig Puffer auch als solche zu bezeichnen und zu begründen, damit Umsätze und ihre Kosten weiterhin in Bezug stehen.

Voraussetzung ist, dass in der Organisation Puffer als solche akzeptiert werden, um Transparenz in der Planung zu erzeugen. Der Stratege kann die jeweiligen Puffer je nach Unsicherheit der Gesamtlage gestalten (womit nicht unreflektiertes, ersatzloses Streichen der Reserve gemeint ist).

„Falsche Orientierung"

Es ist ein weit verbreiteter Ansatz, das Kommunikationsbudget als Prozentsatz vom Umsatz zu bestimmen. Um eine Orientierung für das Budget zu bekommen, wird gerne so vorgegangen, dass marktübliche Werte recherchiert werden. Diese Werte werden dann für das neue Vorhaben als maßgeblich angenommen.

Was ist daran falsch? Sobald spezifische Zielsetzungen vorliegen, sind Ressourcen auf diese Ziele auszurichten. Gleiches gilt für neue unternehmerische Vorhaben, da beispielsweise in einer Startsituation meist noch kein Umsatz existiert oder ungleich mehr Ressourcen eingesetzt werden müssen, um überhaupt Umsatz zu generieren. Was Marktteilnehmer im Durchschnitt ausgegeben haben, ist deshalb kein Maß für die gesetzten Ziele.

Klarer wird dies, wenn man nachstehenden Gedanken folgt:

- Die für die Umsatzerzielung ausgewählten Aktivitäten definieren die Kosten.
- Der Umsatz ist immer das Endergebnis der Wirksamkeiten ausgewählter Aktivitäten.

In der Phase der Aktivitätenauswahl und Wirksamkeitsdiskussion ist ein Umsatz noch nicht planbar, da diesem die Grundlage der Aktivitätenentscheidung fehlt. Entsprechend können keine Kosten in prozentualer Höhe vom Umsatz, sondern nur Budgets in absoluter Höhe bezogen auf die entschiedenen Aktivitäten zur Umsatzgenerierung definiert werden.

Erkenntnis: Das Pferd wird einfach falsch herum aufgezäumt. Außerdem verlieren die Umsätze und ihre Kosten den gegenseitigen Bezug, denn Aktivitäten mit ihren Wirksamkeiten werden außen vorgelassen. Als Benchmark und als eine Facette der Planungsreflexion ist die Kennzahl des Durchschnitts ohne Zweifel von Interesse.

„Kanonen ohne Pulver"

Bei der Planung neuer unternehmerischer Vorhaben ist oftmals folgendes zu beobachten:

Sowohl die Budgetierung der Leistungserstellung als auch die der Verwaltung wird am gesetzten Ziel ausgerichtet. Aber schon bei der Vermarktung wird das gesetzte Ziel ignoriert und die Aktivitäten fallen einem instinktiven Spartrieb zum Opfer. Um es mit einem Bild zu verdeutlichen: Der Stratege verfügt dann zwar über die besten Kanonen, hat aber zu wenig Schießpulver und Kugeln.

Deshalb nimmt der kluge „Stratege" eine Engpassbetrachtung vor. In den meisten Fällen stellt die Erzielung von Umsatz den Engpass eines Vorhabens dar, dennoch geht dieser Aspekt nicht ausreichend in die Planung ein.

Erkenntnis: Alle Aktivitäten sind am gleichen Ziel auszurichten, um die Beziehung der Umsätze und ihrer Kosten aufrecht zu erhalten. Stellt der Kunde und damit die Umsatzerzielung den Engpass dar, muss die Planung dem Rechnung tragen.

Zusammenfassung

Bei den aufgezeigten methodischen Fehlern ist durchgängig die Beziehung von Umsätzen und Kosten gestört. Auf die Spitze getrieben wird diese Problematik durch die Kombination mehrerer der aufgezeigten Fehler – was nicht selten vorkommt. Die Fehler verstellen den Blick des Strategen, der aber eine gute Übersicht zur fundierten Entscheidung für oder gegen das Vorhaben benötigt.

Im Folgenden setzen wir uns mit der »Dynamischen Umsatzplanung« auseinander, die darauf abzielt dem Strategen Perspektiven zu eröffnen und seinen Blick zu schärfen.

1.6.2 »Dynamische Umsatzplanung«

Bestandteil der White Strategy ist die Dynamische Umsatzplanung. Warum Umsatzplanung? Der Umsatz steht im Fokus der Betrachtung. Alle Aktivitäten werden darauf ausgerichtet, Umsätze zu erzielen. Warum dynamisch? Die Bezeichnung „dynamisch" bezieht sich auf den Umgang mit den Wechselbeziehungen und Kräften zwischen

- der unternehmerischen Zielsetzung,
- den Aktivitäten und deren Wirksamkeiten,
- deren Rückwirkung auf den Markt und
- der daraus resultierenden Harmonie oder Disharmonie zwischen Umsatz und Kosten.

Im Folgenden setzen wir uns mit Perspektiven auseinander, die die Dynamische Umsatzplanung charakterisieren:

- Unternehmerische Zielsetzung als Orientierung
- Ebenen der Wirksamkeiten
- Umsatz oder Kosten – was hat Priorität?
- Die Zielsetzung im Zusammenspiel von Umsatz und Kosten
- Generierung von »Zahlensträngen« zur Plausibilitätsabschätzung

Unternehmerische Zielsetzung als Orientierung

Die unternehmerische Zielsetzung durch den Strategen gibt ihm einen Orientierungspunkt in die Zukunft. Er ist im Rahmen der unternehmerischen Konzeption als temporärer Anhaltspunkt zu verstehen. Aufgrund neuer Erkenntnisse, die möglicherweise durch zunehmendes Wissen oder veränderte Perspektiven entstehen, kann eine Korrektur des gesetzten Ziels erfolgen.

„Wer kein Ziel setzt,
dem fehlt die Orientierung für die Zukunft."
aus: Perspektiven, CONCEPTEMverlag©

Verbunden mit der Zielsetzung ist eine erste, grobe Abschätzung durch den Strategen mit der Überlegung, ob der künftige Markt entsprechendes Potenzial bereithält.

Aus der Zielsetzung können schon in dieser frühen Phase Konsequenzen hinsichtlich notwendiger Ressourcen für das Vorhaben erkennbar sein. Möglicherweise können Konsequenzen für den Strategen selbst schon erfasst werden. Deshalb wird zu diesem Zeitpunkt das erste Mal die Frage nach der unternehmerischen und persönlichen Entscheidung aufgeworfen – STOP | OR | GO.

„Wer das Ziel nicht kennt
hat keinen Maßstab, um Entscheidungen zu fällen."
aus: Perspektiven, CONCEPTEMverlag©

Wird das Vorhaben weiterverfolgt, orientieren sich anstehende Entscheidungen an der Zielsetzung, bis diese möglicherweise korrigiert, modifiziert oder als nicht erreichbar eingestuft wird.

Ebenen der Wirksamkeiten

Aus der Zielsetzung werden zuerst Anforderungen abgeleitet und anschließend entsprechende Lösungen gesucht, um die Anforderungen zu erfüllen. Inwieweit die jeweilige Aktivität in der Umsetzung im angedachten Zeitraum ausreichende Wirksamkeit entfaltet, muss schon bei der Planung eingeschätzt werden.

Die Dynamische Umsatzplanung unterscheidet Aktivitäten auf drei Ebenen:

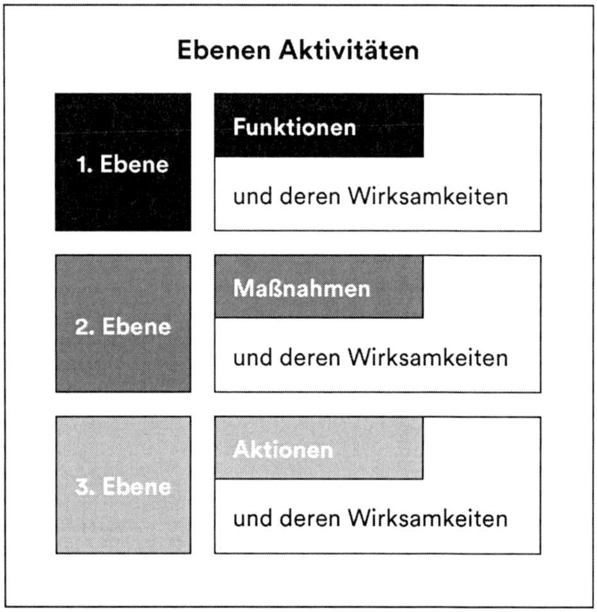

Abbildung 10: Aktivitätenebenen der »Dynamischen Umsatzplanung«

Aktivitätenebene 1: Funktionen

In früheren Zeiten dachte der Stratege darüber nach, wie er seine Truppenteile, zum Beispiel Reiterei, Bogenschützen usw., aufstellt, damit sie ihre größte Wirksamkeit entfalten können. Vergleichbar ist der unternehmerische Stratege gefordert marktorientiert Funktionen für sein Vorhaben zu bestimmen. Abhängig vom Vorhaben werden diese dann ausgestaltet. In der Konzeption denkt er im ersten Schritt die Funktionen an, die seine Unternehmung entsprechend den Anforderungen des Marktes benötigt, um im Markt zu bestehen und sich – bezogen auf die unternehmerische Zielsetzung – durchzusetzen.

Mit diesen Entscheidungen ordnet er den ausgewählten Funktionsbereichen gleichzeitig entsprechende Wirksamkeiten zu.

Bei diesen Überlegungen und Entscheidungen zu den Funktionsbereichen stehen nicht betriebswirtschaftliche Definitionen im Vordergrund, sondern Wirksamkeiten. Daher weichen wir in der Dynamischen Umsatzplanung teilweise von den gängigen Festlegungen ab und stellen Funktionen wie folgt zusammen:

- Leitung und Steuerung der Unternehmung
- Angebot (Entwicklung und Weiterentwicklung) als Dreh- und Angelpunkt der Unternehmung
- Human Resources (interne und externe menschliche Leistungspotenziale)
- Beschaffung des Angebots (Produktion, Einkauf)
- Vermarktung (Kommunikation, Vertrieb)
- Logistik (Lager und Transport/Server- und Internetverbindung)
- Services wie Recht, IT, Rechnungswesen, Einkauf, Buchhaltung, Controlling, Steuern.

Zum besseren Verständnis folgen einige beispielhafte Überlegungen zu Funktionen und deren Wirksamkeiten.

BEISPIEL: „Entscheidungsalternativen"

Entscheiden wir uns für den „Zukauf" im Gegensatz zu einer eigenen Produktion, was im Ergebnis zu einer Steigerung der Flexibilität führt? Oder entscheiden wir uns für die Funktion „Produktion", weil der Schutz des eigenen Know-how wichtiger ist? Oder entscheiden wir uns für eine Kombination beider Funktionen, um bestimmte Effekte zu kombinieren und eine entsprechende Wirkung zu erzielen?

Entscheiden wir uns für die Funktion „Vertrieb", um die persönliche Ansprache der Kunden zu sichern und die Kundenbindung zu stärken? Oder entscheiden wir uns eher für den Einsatz der „Kommunikation", weil wir in kurzer Zeit viele Kunden in einem größeren geografischen Gebiet ansprechen wollen? Oder kombinieren wir die Aktivitäten, weil deren gemeinsame Wirkung Vorteile verspricht?

<u>Aktivitätenebene 2: Maßnahmen</u>

Auf dieser Ebene werden den ausgewählten Funktionen einzelne Maßnahmen oder Maßnahmenbündel zugeordnet. Die Gesamtheit der Maßnahmen sollte die Zielerreichung sicherstellen. Im Folgenden beschreiben wir angenommene Wirksamkeiten von Maßnahmen, die hier beispielhaft aus dem Funktionsbereichen „Vermarktung“ stammen und die Funktionen Kommunikation und Vertrieb betreffen.

Funktion: Kommunikation

Maßnahme: TV-Spots

Wir entscheiden 50 TV-Spots von je 20 Sekunden Länge vor den Abendnachrichten einzusetzen *(Maßnahme)*, um schnell nationale Bekanntheit bei unserer Zielgruppe zu erreichen *(angenommene Wirksamkeit 1)* und die ersten 100.000 kaufenden Kunden zu gewinnen *(angenommene Wirksamkeit 2)*.

Funktion: Vertrieb

Maßnahme: Key-Account-Management

Wir stellen eine Person zur direkten Kundenansprache ein *(Maßnahme)*, um den Aufbau einer persönlichen Beziehung zu den Kunden zu gewährleisten *(angenommene Wirksamkeit 1)* und um den anvisierten Umsatz in Höhe von 5 Mio. Euro netto p.a. zu erzielen *(angenommene Wirksamkeit 2)*.

In der Diskussion um die sinnvollsten Maßnahmen bezogen auf die Wirksamkeiten gibt es in jeder Funktion mehrere zur Auswahl stehende Maßnahmen. Diese können alleine oder in Kombination unterschiedliche Wirksamkeiten entfalten.

Aktivitätenebene 3: Aktionen

Diese Ebene formuliert die weitere Umsetzung in den jeweiligen Maßnahmenbereichen, wobei für jede Maßnahme eine spezifische Ausgestaltung notwendig ist. Welcher Schritt in der Planungsphase und in welcher Tiefe gegangen wird, obliegt der Entscheidung des Strategen und er muss sich folgender Überlegung stellen: Inwieweit wird die Entscheidung „Stop or Go“ qualitativ verbessert, wenn das Vorhaben in seinen Einzelteilen zum jetzigen Zeitpunkt in ersten Umsetzungsstufen weiter ausgestaltet wird und dafür Ressourcen verbraucht werden?

Eine derartige Situation entsteht zum Beispiel, wenn vor der grundsätzlichen Entscheidung „Stop or Go“ bereits die Werbemittel durch eine Agentur entwickelt werden. Die White Strategy setzt auf den Gedanken des effizienten

Ressourceneinsatzes. In diesem Sinne wird erst das Geschäftsmodell soweit fertig durchdacht, dass eine Entscheidung möglich ist, ob die Unternehmung grundsätzlich weiter verfolgt werden soll oder nicht. Entscheidet der Stratege das angedachte Vorhaben nicht weiter zu verfolgen, können die (knappen) Ressourcen an anderer Stelle – z.B. für eine alternative Idee – genutzt werden.

BEISPIEL: Ressourceneffizienz

Ein Unternehmen wollte in einem neuen Markt aktiv werden. Bevor eine Entscheidung getroffen wurde, mit welchen Produkten und mit welchen Ressourcen es in diesen Markt eintreten wollte, wurde schon eine Werbeagentur beauftragt.

Sie entwickelte eine wunderschöne Marke. Im Rahmen der Präsentation durch eine attraktive Mitarbeiterin der Agentur wurden der Geschäftsleitung T-Shirts überreicht, auf denen die konzipierte Marke aufgedruckt war. Geschickt inszeniert, emotional entschieden – leider hatte man vorher versäumt, mit den internen Fachleuten zu sprechen.

Im weiteren Verlauf ergab sich, dass diese Markengestaltung auf einem Teil der Produkte nicht umsetzbar war. Die Marke musste verworfen, eine neue sollte entwickelt werden. Aber die Ressourcen fehlten, denn das Geld war schon ausgegeben.

EXKURS: Verändern sich Wirksamkeiten?

Ja, Wirksamkeiten können sich verändern – ein gutes Beispiel dafür ist der derzeitige Umbruch, ausgelöst durch die fortschreitende Digitalisierung.

Eine damit verbundene Veränderung betrifft den „Point-of-Sales“. In vielen Bereichen verschiebt er sich zunehmend in die digitale Welt. Gleiches sehen wir auch im Bereich der Kommunikation. Die Technologie schafft neue Angebote und hat Auswirkungen auf das Nutzerverhalten. Bisherige Inhalte von TV, Radio und Print verlagern sich mehr und mehr ins Internet. Diese Verschiebung verändert die bisherigen Wirkungsketten vom klassischen Anbieter bis hin zu den physischen Trägern der Kommunikation.

Die Auseinandersetzung, wie Zielgruppen heute und künftig kommunikativ erreicht werden können, ist im vollen Gange. Auch die bisherigen Instrumente zur Entwicklung einer Marke funktionieren nicht mehr wie gewohnt – neue, möglicherweise fragilere Wege entwickeln sich.

Steigern oder reduzieren die digitalen Medien die Wirksamkeiten der klassischen Medien? Sie scheinen zielgenauer in der Ansprache der

Zielgruppen, aber sind sie damit auch wirksamer? Inwieweit kann man Klickraten vertrauen? Dies sind nur einige von vielen Fragen, die in der Diskussion um Wirksamkeiten von Bedeutung sind.
Aber auch weitere Entwicklungen werden Einfluss nehmen. Es ist absehbar, dass beispielsweise Drohnen, 3D-Drucker und andere technische sowie digitale Veränderungen die Gestaltung von Funktionsbereichen beeinflussen und somit auch Wirksamkeiten auf dieser Ebene verändern.
Wagen wir einen Ausblick. Wie immer sich die Wirksamkeiten hinsichtlich Funktionen, Maßnahmen und Aktionen entwickeln mögen, gewisse Elemente werden auch künftig in der Planung Bestand haben. Grundsätzlich müssen Wirksamkeiten und Aktivitäten gegenseitig zugeordnet werden. Dies schafft auch in der Zukunft die Grundlage für eine durchdachte unternehmerische Entscheidung und die Steuerung eines Vorhabens in der Umsetzung.

Umsatz oder Kosten – was hat Priorität?

Üblicherweise fallen bei der Umsetzung unternehmerischer Vorhaben zuerst Kosten an, um Umsatz zu erzielen. Das bedeutet: Der Umsatz folgt den Kosten.

Bei der Planung ist eine umgekehrte Reihenfolge sinnvoll, denn in dieser Phase steht folgende Frage an erster Stelle: Durch welche Aktivitäten soll der angestrebte Umsatz erzielt werden? Konkret sieht das wie folgt aus: Ausgehend von den ausgewählten Aktivitäten und deren angenommenen Wirksamkeiten ist abzuwägen wie viele kaufende Kunden damit gewonnen werden können. Weiterhin ist zu überlegen wie viele Einheiten des Angebotes diese Kunden zum angesetzten Verkaufspreis kaufen, woraus sich dann der Umsatz ergibt. (Anmerkung: Gleichzeitig ist zu beachten, dass die Festlegung des Verkaufspreises wegen seiner Wirksamkeit auch als Aktivität zu verstehen ist.)

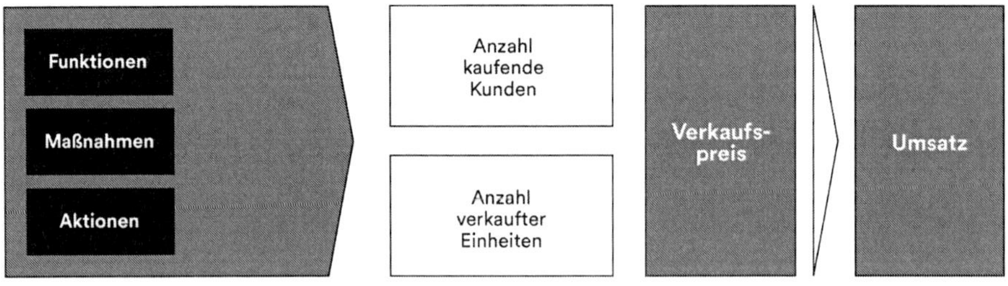

Abbildung 11: Aktivitäten und Wirksamkeiten sowie deren Einfluss auf den Umsatz

Davon ausgehend, dass der geplante Umsatz erzielt werden kann, werden nun den gewählten Funktionen, Maßnahmen, Aktionen die entsprechenden Kosten zugeordnet. In der Dynamischen Umsatzplanung folgen also die Kosten dem Umsatz, indem erst die Aktivitäten festgelegt werden, die den Umsatz erzielen sollen und dann die Kosten für die ausgewählten Aktivitäten ermittelt werden.

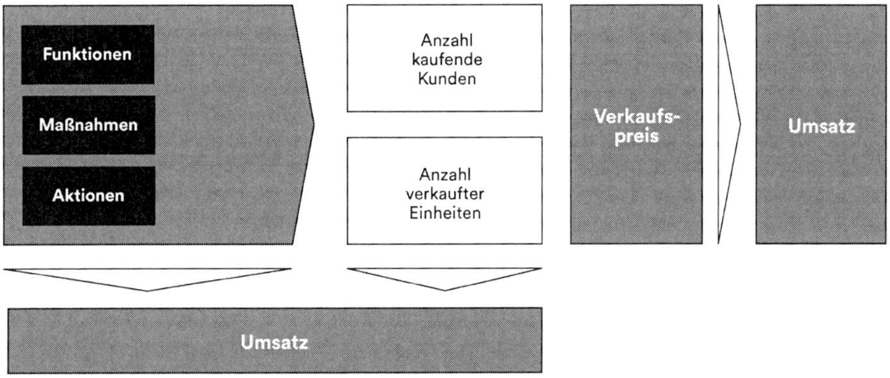

Abbildung 12: Aktivitäten und Wirksamkeiten sowie deren Einfluss auf den Umsatz und die Kosten

Die Einschätzung der Wirksamkeiten der möglichen Aktivitäten macht einen wesentlichen Bestandteil der Dynamischen Umsatzplanung aus. Sie stellt gleichzeitig eine der großen Herausforderungen an den Strategen dar – vor allem dann, wenn der Stratege nicht oder nur teilweise auf Wissen über Wirksamkeiten zurückgreifen kann.

Trotzdem ist der Stratege gefordert, Wirksamkeiten für die ausgewählten Aktivitäten anzunehmen und zuzuordnen – und zwar trotz des Bewusstseins, dass diese Wirksamkeiten gegebenenfalls nicht genau so eintreten wie angenommen. Aber erst dadurch – durch dieses Bewusstsein – schafft er ein Fundament für seine unternehmerische Entscheidung und eine mögliche nachträgliche Steuerung des Vorhabens. Der versierte Stratege weiß um die Ungewissheit und hat gelernt mit dieser Unsicherheit umzugehen.

Auch deshalb verlangt die Dynamische Umsatzplanung nach Optimierungsrunden, die auf Reflexion der bisherigen Entscheidungen abzielen. Treiber dafür sind meist die anvisierte Umsatzhöhe oder die umrissenen Kosten oder die Überlegung, ob alternative Aktivitäten alleine oder im Zusammenspiel eine bessere Wirkung erzielen könnten. In diesen Wirksamkeitsdiskussionen wird um die beste Lösung gerungen. Dazu werden die speziellen Sichtweisen der einzelnen Funktionen benötigt, aber letztendlich eine gesamtstrategische Perspektive gefordert.

Der gesamte Prozess verlangt vom Strategen unter anderem

- Wissen, Kreativität, Intuition sowie Courage Entscheidungen zu treffen,
- die Einschätzung der Plausibilität bezüglich einzelner Wirksamkeiten sowie des Zusammenspiels mehrerer Aktivitäten (Funktionen, Maßnahmen, Aktionen) und der daraus angenommenen Wirksamkeiten.

Die Zielsetzung im Zusammenspiel von Umsatz und Kosten

Der Konzeptionierung eines unternehmerischen Vorhabens liegt üblicherweise der Gedanke des ökonomischen Erfolgs zu Grunde. Damit ist ein als Orientierung gesetztes Ziel verbunden sowie die Frage, welche Anforderungen diesbezüglich erfüllt werden müssen.

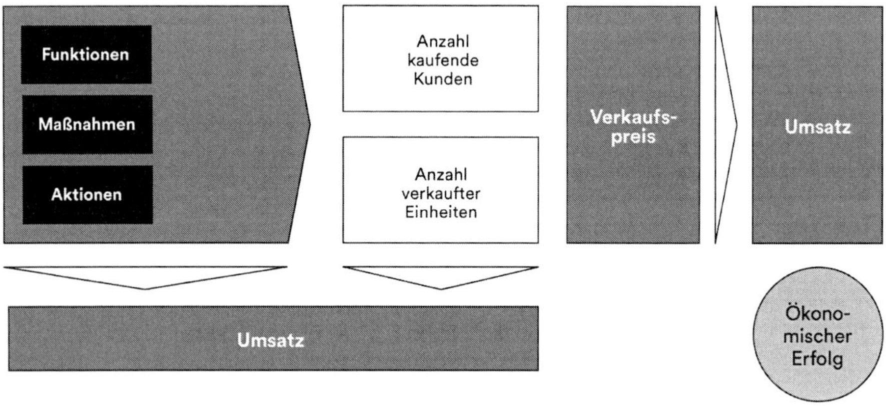

Abbildung 13: Ökonomischer Erfolg

Allerdings ist in der Praxis oftmals festzustellen, dass die Planung nicht durchgängig zielkonform weitergeführt wird, sobald Aktivitäten festgelegt worden sind und eine erste Kostenermittlung vorliegt. Fast reflexartig wird zu diesem Zeitpunkt damit begonnen, die Kosten zu reduzieren, jedoch ohne das gesetzte Ziel zu verändern. Dies führt zu dem Ergebnis, dass faktisch zwei Ziele im Raum stehen: das eigentliche unternehmerische Ziel und ein neues (unausgesprochenes) von Kostenersparnis getriebenes Ziel.

Die Gründe für eine solche unreflektierte Handlung können vielfältig sein. Man erschrickt über den möglichen Kapitalbedarf oder erkennt, dass die vorhandenen Mittel nicht ausreichen. Andere wähnen sich schon in der Realisierungsphase und meinen sparen zu müssen – wobei auch in der Realisierungsphase das eigentliche Ziel nicht verlassen werden sollte, ohne eine Zielkorrektur vorzunehmen, mit allen damit verbundenen Konsequenzen.

BEISPIEL: 1,3 Millionen

Einen interessanten Fall dazu lieferten Studierende des Fachbereichs Wirtschaft. Ihre Aufgabe war es, sich im Team auf eine – selbst überlegte – unternehmerische Idee zu einigen, diese konzeptionell zu entwickeln, auf Marktfähigkeit zu prüfen, ökonomisch zu bewerten und abschließend die unternehmerische Entscheidung STOP | OR | GO zu fällen. Es war explizit nicht die Aufgabe, das Vorhaben selbst umzusetzen, sondern zu erkennen, ob das Vorhaben ein entsprechendes Potenzial aufweist.

Es ergab sich folgender Projektstand: Die Aktivitäten zur Umsatzerzielung waren bestimmt und ergaben in Summe einen Wert von 1,3 Mio. Euro. Dies führte dazu, dass nicht weiter über die Umsatzerzielung nachgedacht wurde, für die diese Kosten bestimmt waren. Vielmehr wurde festgestellt, dass „es doch sehr viel Geld sei". Anstatt das Konzept fertigzudenken und dann die unternehmerische Entscheidung STOP | OR | GO zu treffen, wurde in dieser Phase entschieden die Kosten zu reduzieren. Eine vorweg genommene strategische Einschränkung, wie sie auch oft im „echten unternehmerischen Leben" festzustellen ist – bei Start-ups oder selbst in der Konzeptionierung neuer unternehmerischer Vorhaben in Unternehmen.

In der Diskussion mit den Studierenden wurde ihnen klar, dass sie instinktiv handelten. Sie hatten Angst vor der eigenen Courage bekommen und konnten sich nicht vorstellen, über diese Summe zu verfügen. Deshalb zogen sie die Finanzierungsfrage vor und entschieden auf der Basis unvollständiger Informationen. Im Gespräch wurde ihnen bewusst, dass sie dadurch ihren Handlungsraum strategisch einschränkten, statt das Vorhaben erst einmal in seiner Gänze zu durchdenken und auf Rentabilität zu überprüfen.

Der Versuch, in dieser Phase die Kosten unreflektiert anzupassen, ohne das Ziel zu korrigieren, kann fatale Auswirkungen haben. Die notwendige Harmonie zwischen Umsatz und Kosten, bezogen auf die ausgewählten Aktivitäten, geht verloren. Die Plausibilität der Planung und damit deren Qualität ist in Frage gestellt.

Um dem Bedürfnis der unreflektierten Kostenreduktion und weiteren Planungsfehlern entgegenzuwirken und um den strategischen Überblick zu behalten fordert die Dynamische Umsatzplanung:

1. die Beantwortung der Frage, wie der Kapitalbedarf des Vorhabens insgesamt eingeschätzt wird, damit sich dieses bei gesetztem Ziel am Markt durchsetzen kann.

2. die Überlegung, ob der Kapitalbedarf reduziert werden kann. Dazu gehört die Diskussion unterschiedlicher kostenrelevanter Facetten wie zum Beispiel:

- Ist die Reduktion angedachter Aktivitäten bei ausreichenden Wirksamkeiten in Bezug zum gesetzten Ziel möglich?
- Können bei gesetztem Ziel kostenintensive Aktivitäten durch andere ersetzt werden, die mindestens über die gleichen angenommenen Wirksamkeiten verfügen?
- Ist ein zeitliches Schieben von Aktivitäten in Bezug zum gesetzten Ziel und den Marktanforderungen möglich?

3. die Feststellung, ob – bezogen auf das gesetzte Ziel

- das Risiko im Verhältnis zu den Chancen angemessen erscheint,
- die Anforderungen den aufzubringenden Ressourcen entsprechen.

4. die Entscheidung

- für oder gegen die Weiterverfolgung der Planung des Vorhabens bei gesetztem Ziel oder,
- ob das Ziel neu gesetzt und damit die Planung ganz oder in Teilen neu konzipiert werden muss.

Diese Überlegungen sind für jede relevante Zielsetzung und bei jeder deutlichen Veränderung des Ziels von neuem durchzuführen.

Generierung von Zahlensträngen zur Plausibilitätsabschätzung

Wird ein neues unternehmerisches Vorhaben konzipiert, liegen keine eigenen Vergangenheitsdaten vor. Ein Vergleich mit diesen und eine daraus resultierende Diskussion über Plausibilitäten ist nicht möglich.

Aus diesem Nachteil keine Vergangenheitsdaten zu haben – was für angehende Start-ups per se der Fall ist – wird auch für ein schon agierendes Unternehmen ein Vorteil konstruiert, wenn dieses für eine unternehmerische Idee die Start-up-Konstellation wählt. Der Vorteil ergibt sich daraus, dass die Vergangenheit bewusst ausgeblendet wird, um *Neues Denken* zu forcieren und neue Lösungen zu entwickeln.

Da die Abschätzung der Plausibilitäten bei der Konzeption aber einen wichtigen Teil der Planung darstellt, nutzt die Dynamische Umsatzplanung sogenannte Zahlenstränge als Diskussionsgrundlage. Diese Zahlenstränge werden im Laufe der Konzeption aus unterschiedlichen Perspektiven schrittweise generiert und einander gegenübergestellt.

In der ersten Phase der Konzeption entstehen drei zukunftsorientiere, methodisch unterschiedlich generierte Zahlenstränge, die miteinander korrespondieren und eine Plausibilitätsdiskussion ermöglichen.

- „Unternehmerische Zielsetzung“
  Die unternehmerische Zielsetzung vereint die angedachte Größenordnung des Vorhabens mit der Einschätzung, inwieweit der Markt über dieses Potenzial verfügen könnte. Der darauf bezogene Zahlenstrang entsteht durch eine erste Zielsetzung des Strategen als Orientierung. Sie bezieht sich auf das Ende des Planungszeitraums. Daraus werden Meilensteine zurück zum Startzeitpunkt abgeleitet.
- „Kundenplanung“
  Dieser Zahlenstrang basiert auf den ausgewählten Aktivitäten (Funktionen, Maßnahmen, ggf. auch Aktionen) und ihren angenommenen Wirksamkeiten. Den damit verbundenen Einschätzungen wird eine entsprechende Entwicklung von Kunden zugeschrieben.
- „Absatzplanung“
  Im gleichen zeitlichen Ablauf entsteht, ausgehend von der Kundenplanung, der Zahlenstrang „Absatzplanung“ durch die Überlegung, wie viel an diese Kunden zum festgesetzten Verkaufspreis abgesetzt werden kann.

Nach der Betrachtung der beschriebenen zukunftsorientierten Zahlenstränge und der daraus folgenden Plausibilitätsdiskussion können in einem weiteren Schritt Daten aus der Vergangenheit – soweit vorhanden und sinnvoll – zum Abgleich herangezogen werden:

- „Branchen- und Marktdaten“
  Grundsätzlich ist festzustellen, dass nicht für jedes Vorhaben aussagekräftige Branchen- und Marktdaten zur Verfügung stehen. Noch schwieriger wird es, wenn das Vorhaben in einer Nische aktiv werden soll oder es sich beim Angebot um eine Innovation handelt. Zusätzlich ist zu beobachten, dass selten prognostizierte Daten vorzufinden

sind. Eine weitere Schwierigkeit liegt oftmals darin, dass meist Durchschnittswerte aufgezeigt werden. Zur eigenen Anwendung müssen sie interpretiert und in die Zukunft transferiert werden, was einen zusätzlichen Unsicherheitsfaktor darstellt.

- „Betriebswirtschaftliche Zahlen des Unternehmens"
  Die besten zur Verfügung stehenden Zahlenmaterialien sind eigene betriebswirtschaftliche Daten oder valide Daten von vergleichbaren Vorhaben oder Unternehmen. Sie sollten nach Möglichkeit mit in die Plausibilitätsprüfung einbezogen werden. Auch diese Daten müssen aus der Vergangenheit in die Zukunft transferiert werden. Dabei ist zu beachten, dass sie zu dem neuen Vorhaben oder zu der neuen, angestrebten Ausrichtung passen.

Die aufgezeigten Zahlenstränge liefern die Grundlage, die Zielsetzung einerseits und Ergebnisse der Aktivitäten und Wirksamkeiten andererseits kritisch zu hinterfragen.

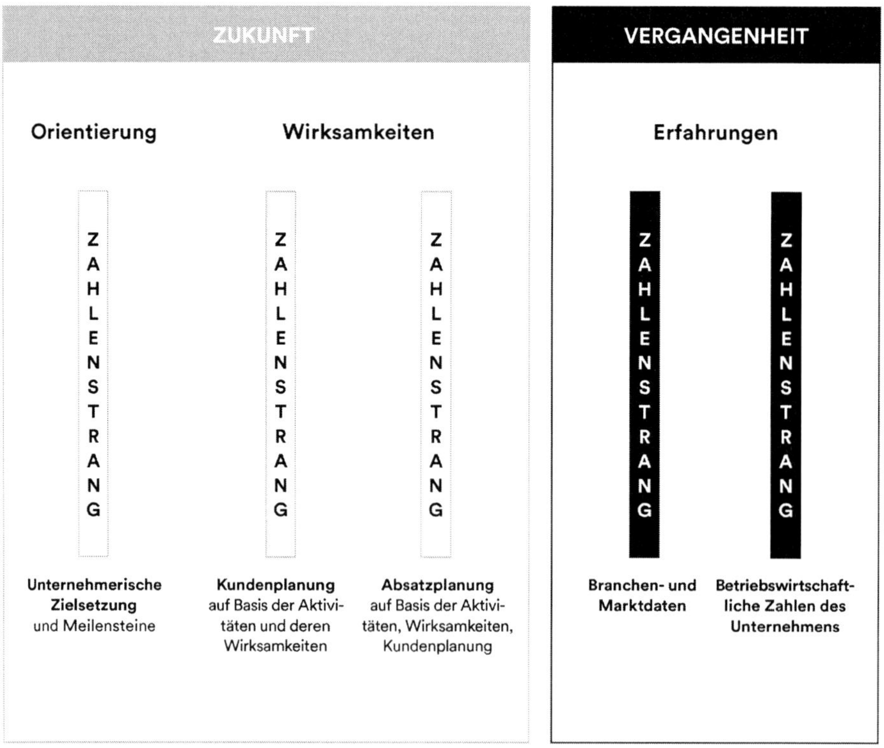

Abbildung 14: »Zahlenstränge«

Wie schon im Laufe der konzeptionellen Arbeit die Gedankenstränge mit den Meilensteinen verknüpft werden, besteht nun die hohe Kunst darin, auch die Zahlenstränge gedanklich miteinander zu verknüpfen. Hohe Kunst deshalb, weil im Laufe der Konzeption – auch bei dem kleinsten unternehmerischen Vorhaben – die Komplexität steigt. Diese Verknüpfungen nennen wir »Konzeptionelle Synapsen«.

Hierbei geht es um die Auseinandersetzung mit Plausibilitäten sowie um die Suche nach möglichen Schwachpunkten innerhalb der Konzeption und dem Auffinden von Lösungen.

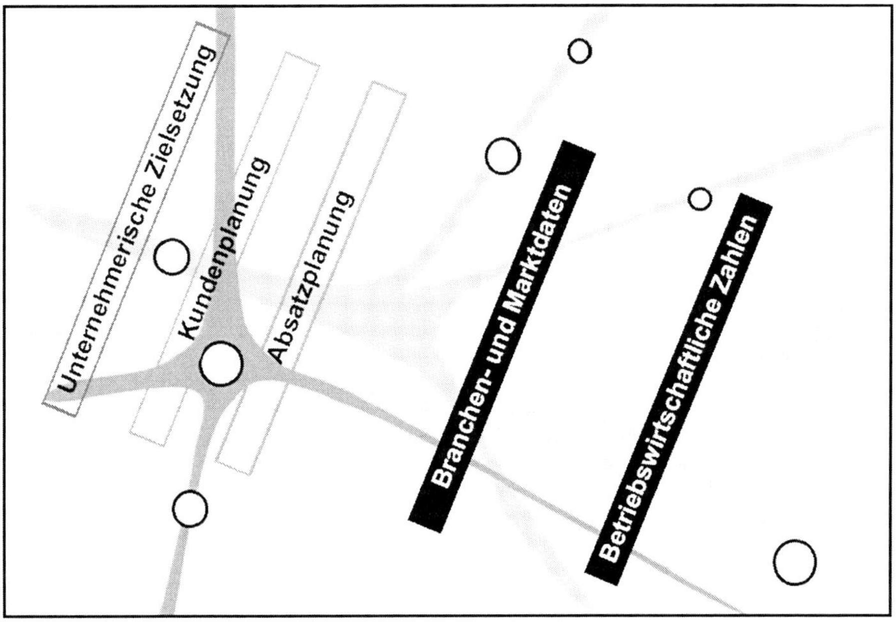

Abbildung 15: »Konzeptionelle Synapsen«

Dazu werden Fähigkeiten wie Abstraktionsvermögen, logisches Denken, Offenheit für alternative Wege sowie Wissen benötigt. In diesem Prozess ist es hilfreich den gedanklichen Austausch mit unterschiedlichen Kennern der Materie zu suchen.

2. Bereit für die Kunst des *Neu-Denkens?*

Schwerpunkte dieses Kapitels

White Strategy in der Praxis

- Welche Struktur unterstützt die Methode White Strategy?
- Wie ist das Instrumentarium dazu aufgebaut?
- Warum sind der »Strategische Prozess« und der »Didaktische Prozess« von Bedeutung?
- Sind Muster zu erkennen, die die Strategen beeinflussen?
- Wie kann typischen Fehlern und Blockaden methodisch begegnet werden?
- Welchen Stellenwert kann Planung erreichen, wenn deren Nutzen verinnerlicht wurde?

Bei der Entwicklung und Konzeptionierung unternehmerischer Vorhaben ist der „Faktor Mensch" ein wesentlicher Bestandteil. Dieser Faktor ist insofern auch kritisch zu betrachten, als er sich gerne selbst überlistet, im Weg steht oder auch Fehler bei der Planung übersieht. Um diesem entgegenzuwirken sind Fähigkeiten und Wissen des Strategen von großer Bedeutung – was gleichermaßen auch für eine mögliche Umsetzung gilt.

- **Fähigkeiten**
  Ob und inwieweit *Neues Denken* stattfinden kann, wird stark von den Fähigkeiten des Strategen beeinflusst – ist er bereit, ist er offen dafür *Neues Denken* zuzulassen? Lässt er sich auf Perspektivenwechsel ein? Kann und wird er seinen Vorurteilen begegnen? Dafür benötigt er entsprechenden Freiraum.
  Die konzeptionelle Arbeit im Rahmen des *Neu-Denkens* erfordert das Erfassen und Verknüpfen von komplexen Vorgängen zur Entscheidungsfindung. Weitere Fähigkeiten wie Kreativität und Problemlösungsfähigkeit, unternehmerisches Denken und Handeln, betriebswirtschaftliche Intuition und Entscheidungskraft werden benötigt.

- **Wissen**
  Fehlt dem Strategen relevantes Wissen, muss er diesen Mangel erkennen und ihn sich eingestehen. Wird demnach zusätzliches Know-how

für das Vorhaben benötigt, muss er es intern oder extern beschaffen. Er muss zum Beispiel bereit sein, dafür Kosten in die Planung einzustellen – auch auf die „Gefahr" hin, dass sich das Vorhaben dadurch nicht rechnet.

Der „Faktor Mensch" zeigt bei der Anforderung *neu zu Denken* üblicherweise unterstützende und widerstrebende Seiten. Zu den unterstützenden Seiten gehören zum Beispiel Kreativität und Problemlösungsfähigkeit; die widerstrebenden Seiten zeigen sich als eingeschränkte Einstellungen, Fähigkeiten und Wissen. Um diese Einflüsse auf *Neues Denken* entsprechend zu berücksichtigen, wurde als Instrumentarium der Methode White Strategy ein System entwickelt, das den Strategen auf dem Weg zu seiner unternehmerischen Entscheidung leitet, sensibilisiert und stärkt.

2.1 *Neu denken* mit System

Bei der praktischen Arbeit konnten wir wiederkehrende Muster im Umgang mit unternehmerischen Ideen erkennen. Interessanterweise waren diese Muster in Unternehmen aller Größen, in der Vorgründungsphase unternehmerischer Vorhaben sowie in Seminaren „Business Planning" mit Studierenden festzustellen. Sie betreffen Barrieren bezüglich *neuen Denkens*, des Umgangs mit der Zukunft und gegenüber der Planung an sich. Weiterhin traten bei der Konzeptionierung auch immer wieder methodische und typische unternehmerische Fehler auf. Jede einzelne Barriere und jede Fehlerquelle für sich hat die unternehmerische Entscheidungsfindung negativ beeinflusst (Reiß/Schenscher/Fischbach 2018).

Ein weiteres Feld der Beobachtung bezog sich auf die Person oder die Personen, die in den konzeptionellen Prozess neuer Vorhaben involviert waren. Es war zu erkennen, dass sich die Wahrnehmung eines Strategen während des Prozesses verändert und zunehmend ein breiteres Spektrum an strategischen Möglichkeiten erfasst und damit die „strategische Klaviatur" erweitert wird. Durch einen begleitenden Dialog wurde das Ergebnis zusätzlich positiv beeinflusst. Dies konnte neben der Steigerung der Reflexionsintensität vor allem den notwendigen Perspektivenwechsel zwischen Subjektivität und Objektivität sowie die Kombination von Kreativität und Rationalität fördern.

Beruhend auf diesen empirischen Beobachtungen wurde eine Vorgehensweise entwickelt, evaluiert, optimiert und zur methodischen Unterstützung der White Strategy in dem schon erwähnten System zusammengeführt. Der Name dafür wurde aus den Begriffen „Concept“ und „System“ gebildet. Über den Einsatz des Strategiesystems CONCEPTEM in Seminaren, Coachings und Beratungen und den daraus resultierenden Erfahrungen und Erkenntnisse berichten wir in den folgenden Abschnitten.

Abbildung 16: Strategiesystem CONCEPTEM®

CONCEPTEM zielt darauf ab, die bereits aufgezeigten Barrieren sowie methodische und unternehmerische Fehler zu vermeiden, den Strategen in seinen Fähigkeiten zu unterstützen und anforderungsrelevant weiterzuentwickeln. Dazu wurde es markt-, effizienz- und entscheidungsorientiert ausgerichtet.

- **Marktorientiert**
  Bei der „Marktorientierten Konzeption“ wird eine unternehmerische Idee aus Sicht des Marktes konzipiert und auf ihre Marktfähigkeit geprüft. Dazu ist der Stratege auf die Fähigkeit angewiesen marktorientiert zu denken – also den Markt mit seinen heutigen und möglichen künftigen Anforderungen zu verstehen und in den Vordergrund zu stellen. Sein unternehmerisches Vorhaben steht im Mittelpunkt und drückt sich im Wesentlichen im Angebot aus. Die zeitliche Betrachtung bezieht sich auf den Zeitpunkt „Start“, also auf die Markteinführung und die darauf folgenden ersten 36 Monate. Damit verbinden sich einige Fragen: Welche Marktchancen können dem Angebot eingeräumt werden, welchen Erfolg kann es in diesem Zeitraum erzielen und welche Voraussetzungen müssen dafür geschaffen werden?

- **Effizienzorientiert**
  Die Effizienzorientierung bezieht sich auf den Einsatz der meist knappen Ressourcen Zeit und Kapital und hat mehrere Facetten. Wird ein

unternehmerisches Vorhaben konzipiert, gibt es häufig mehrere Wege zum Ziel. Hier ist es sinnvoll, eine fundierte Entscheidung früh herbeizuführen, welcher Weg der erfolgversprechendste ist. Eine weitere Facette liegt vor, wenn zwischen mehreren unternehmerischen Vorhaben entschieden werden soll.

- **Entscheidungsorientiert**
  Das System ist entscheidungsoffen und unterstützt den Strategen in seiner Arbeit zu einer fundierten Entscheidung für oder gegen ein unternehmerisches Vorhaben zu kommen. Die zentrale Frage STOP | OR | GO wird thematisiert und begleitet den Strategen durch den gesamten Prozess. Dabei wird die STOP-Entscheidung als gleichberechtigte Alternative zur GO-Entscheidung verstanden.

Die Grundlage des Strategiesystems beruht auf einem Regelkreis, den wir »Business Concept Management« genannt haben und im folgenden Kapitel näher ausführen (Reiß/Schenscher/Fischbach 2018: 151).

2.2 Der Regelkreis »Business Concept Management«

Der Regelkreis Business Concept Management (BCM) visualisiert die notwendige planerische Leistung und den Entscheidungsbedarf in unterschiedlichen Prozessabschnitten. Er stellt den konzeptionellen Prozess dar, wie eine Idee zur Entscheidung und weiter in die planmäßige Umsetzung geführt wird. Der Regelkreis stellt die entscheidende Frage STOP | OR | GO in den Mittelpunkt und zeigt weitere Entscheidungspunkte auf, um die jeweils zu treffende unternehmerische Entscheidung zu konkretisieren und dem Strategen die damit verbundene Tragweite bewusst zu machen.

Prozessabschnitte und Entscheidungspunkte

Die „Entwicklung der Konzeption" beginnt mit der Entscheidung für die vertiefende Auseinandersetzung mit einer unternehmerischen Idee. Häufig wird in diesem Prozess nicht direkt gegen oder für das Vorhaben entschieden, sondern für eine Veränderung der Idee – worauf die Konzeption nochmals durchdacht werden muss. Der Prozessabschnitt der Konzeption endet mit der persönlichen und unternehmerischen Entscheidung für oder gegen die Weiterverfolgung des Vorhabens.

Abbildung 17: Erster und zweiter Entscheidungspunkt des Regelkreises BCM

Wesentliche Aspekte der Konzeptentwicklung sind Einschätzungen des Marktes und der Marktentwicklung, der Konkurrenz und deren Entwicklung sowie der eigenen Leistungsfähigkeit. Die systematische Erarbeitung der Konzeption folgt der Regel vom Qualitativen zum Quantitativen, von der Innenorientierung zur Marktorientierung sowie dem inhaltlichen Ablauf:

- Zielformulierung
- Situationsanalyse und Prognose
- Planung der Aktivitäten und Budgetierung
- Bewertung der Marktchancen und -risiken
- Einschätzung des ökonomischen Erfolgs

Endet der Prozessabschnitt „Entwicklung der Konzeption" mit der Entscheidung STOP, sind die nachfolgenden Abschnitte hinfällig. Wird ein OR entschieden, beginnt der konzeptionelle Prozess erneut – ganz oder teilweise. Lautet die unternehmerische Entscheidung GO, kann die Umsetzung des Vorhabens in dem Prozessabschnitt „Geschäftsplanung" vorbereitet werden.

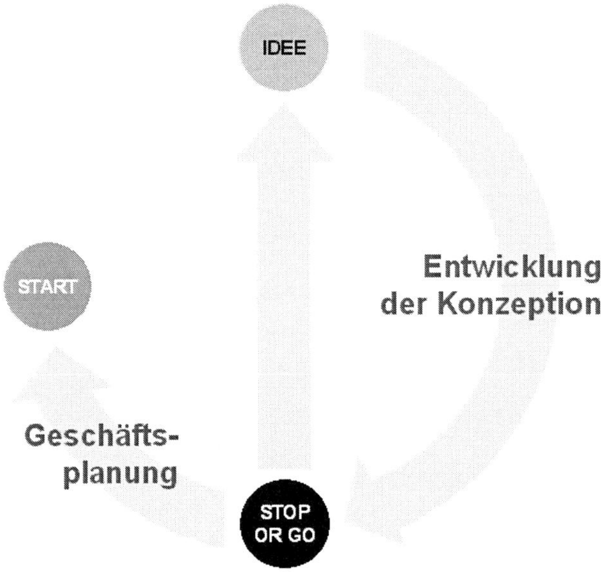

Abbildung 18: Dritter Entscheidungspunkt des Regelkreises BCM

Der Abschnitt der „Geschäftsplanung", wie wir sie in Bezug auf die White Strategy verstehen, umfasst die Vorbereitung des konkreten Markteintritts. Dies beinhaltet die Umsetzungsplanung inklusive aller zum Startzeitpunkt benötigten Mittel sowie die Sicherung der Ressourcen für den Planungszeitraum. Dieser Prozessabschnitt endet mit dem Entscheidungspunkt zum START der Umsetzung, sofern nicht neue Erkenntnisse eine Entscheidung gegen die Realisierung erfordern.

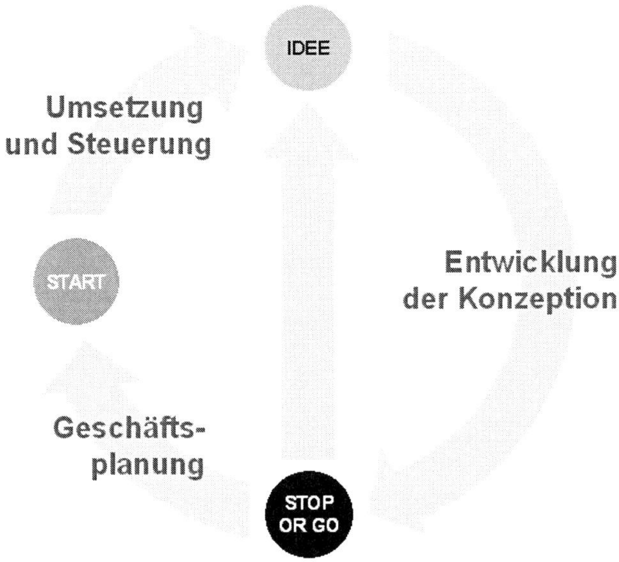

Abbildung 19: Regelkreis »Business Concept Management«

Anschließend beginnt der Abschnitt der „Umsetzung und Steuerung". Die Erkenntnisse aus der Umsetzung der Unternehmung fließen im Sinne der Steuerung wieder in die Idee ein. Dabei kann die unternehmerische Idee bestätigt werden, möglicherweise wird sie modifiziert oder die Frage nach der grundsätzlichen Weiterverfolgung wird gestellt. Die unternehmerische Herausforderung des *Neu-Denkens* endet also erst mit der Beendigung dieser Unternehmung.

Konkretisierung und Komprimierung

Durch die festgelegten Entscheidungspunkte im Regelkreis BCM wird der Stratege dazu veranlasst nach jedem Abschnitt eine wichtige unternehmerische Entscheidung zu treffen. Um diese Entscheidungen herbeizuführen muss die Idee im Laufe ihrer Entwicklung zu einem unternehmerischen Vorhaben konkretisiert und dieses letztendlich komprimiert werden. Dazu sind die Prozessabschnitte des Regelkreises „Entwicklung der Konzeption" und „Geschäftsplanung" in 5 Phasen unterteilt.

Durch die »Unternehmerische Konzeption« in Phase 1 wird die ursprüngliche Idee zu einem unternehmerischen Vorhaben geformt. In dieser Phase werden alternative Betrachtungen durchgeführt, optionale Überlegungen angestellt und eine Vielzahl einzelner Entscheidungen getroffen. Diese Entscheidungen werden als fest angenommen, bis eine bessere Lösung erkannt wird oder Plausibilitäten ein Überdenken verlangen.

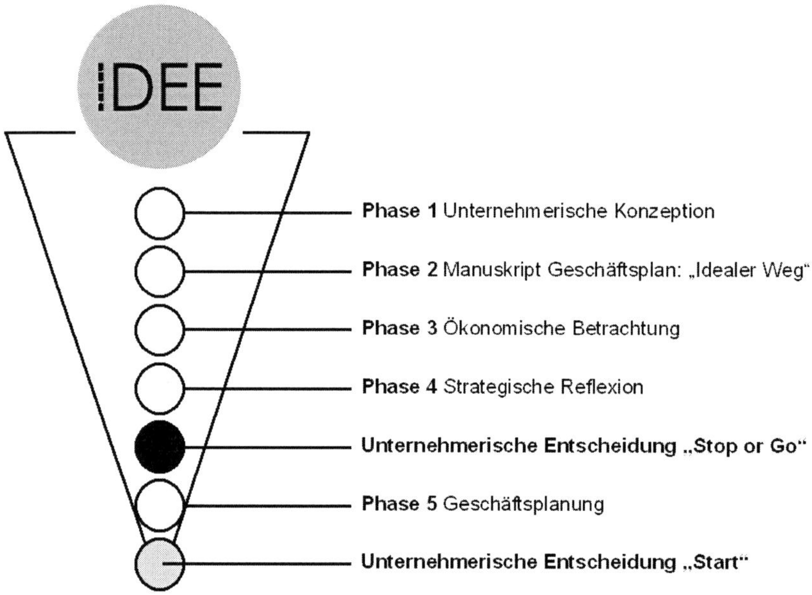

Abbildung 20: Phasen der Verdichtung

Ist Phase 1 abgeschlossen, wird daraus in Phase 2 der »Ideale Weg« abgeleitet. „Ideal" bedeutet in diesem Zusammenhang, dass eine Vorgehensweise bevorzugt wird. Mit diesem Schritt wird Eindeutigkeit für die nachfolgende Phase hergestellt. Somit ist die Basis geschaffen, den beschriebenen Weg in der Phase 3 ökonomisch zu betrachten und zu bewerten.

Vor der unternehmerischen Entscheidung – also ob das Vorhaben weiterverfolgt werden soll oder nicht – wird das Vorhaben in Phase 4 einer »Strategischen Reflexion« unterworfen. Um die bisherigen Überlegungen möglichst objektiv reflektieren und hinterfragen zu können, zielt diese Phase darauf, einen gewissen notwendigen Abstand für die unternehmerische und persönliche Entscheidung zu gewinnen.

Nach Abschluss der Strategischen Reflexion ist die unternehmerische Entscheidung STOP | OR | GO gefordert. Falls die Entscheidung GO lautet, startet die Phase 5 der »Geschäftsplanung«, die planerische und operative Elemente enthält und den Markteintritt vorbereitet. Diese Phase zielt auf eine weitere Entscheidung ab, nämlich ob und wann das Vorhaben tatsächlich gestartet wird. Zudem sind sie so konstruiert, dass sie möglichen methodischen Planungsfehlern und bekannten unternehmerischen Fehlern entgegenwirken. Zusätzlich fördern sie den Strategen bei der Erweiterung seines Horizontes, seiner Wahrnehmung und seiner Fähigkeiten – dabei wird er strukturiert geleitet und zu kreativen Lösungen angeregt.

Regelkreis und Phasen in der unternehmerischen Praxis

Den aufgezeigten 5 Phasen entsprechend werden methodisch-didaktisch entwickelte Instrumente eingesetzt (siehe Abbildung 21). Ihnen ist gemeinsam, dass sie den Strategen bei der Vielzahl der zu treffenden Einzelentscheidungen auf dem Weg zu den relevanten Entscheidungspunkten unterstützen.

Die aufgezeigten Instrumente berücksichtigen unter anderem die bereits beschriebenen Aspekte wie etwa

- Entkopplung,
- Auseinandersetzung mit Zielen,
- Aktivitäten und Wirksamkeiten,
- Hinführung zu den Zahlensträngen.

Sie sind so konstruiert, dass sie möglichen methodischen Planungsfehlern und bekannten unternehmerischen Fehlern entgegenwirken. Zusätzlich fördern sie den Strategen bei der Erweiterung seines Horizontes und seiner Wahrnehmung – dabei wird er strukturiert geleitet und zu kreativen Lösungen angeregt.

Die beschriebenen Inhalte lassen eine gewisse Komplexität vermuten. Sie tritt jedoch durch die Ausgestaltung der einzelnen Instrumente und den geordneten Ablauf deutlich in den Hintergrund, sodass sie vom Strategen zu Beginn selten wahrgenommen wird. Erst im Laufe der Arbeit im Strategischen Prozess wird er in der Phase 3 »Ökonomische Bewertung« an die Komplexität herangeführt. Schritt für Schritt erkennt er sie und wächst in die strategischen Fragestellungen und Entscheidungen hinein. Somit wird die Komplexität – und auch das kleinste Vorhaben hat seine Komplexität – eines unternehmerischen Vorhabens für den Strategen beherrschbar.

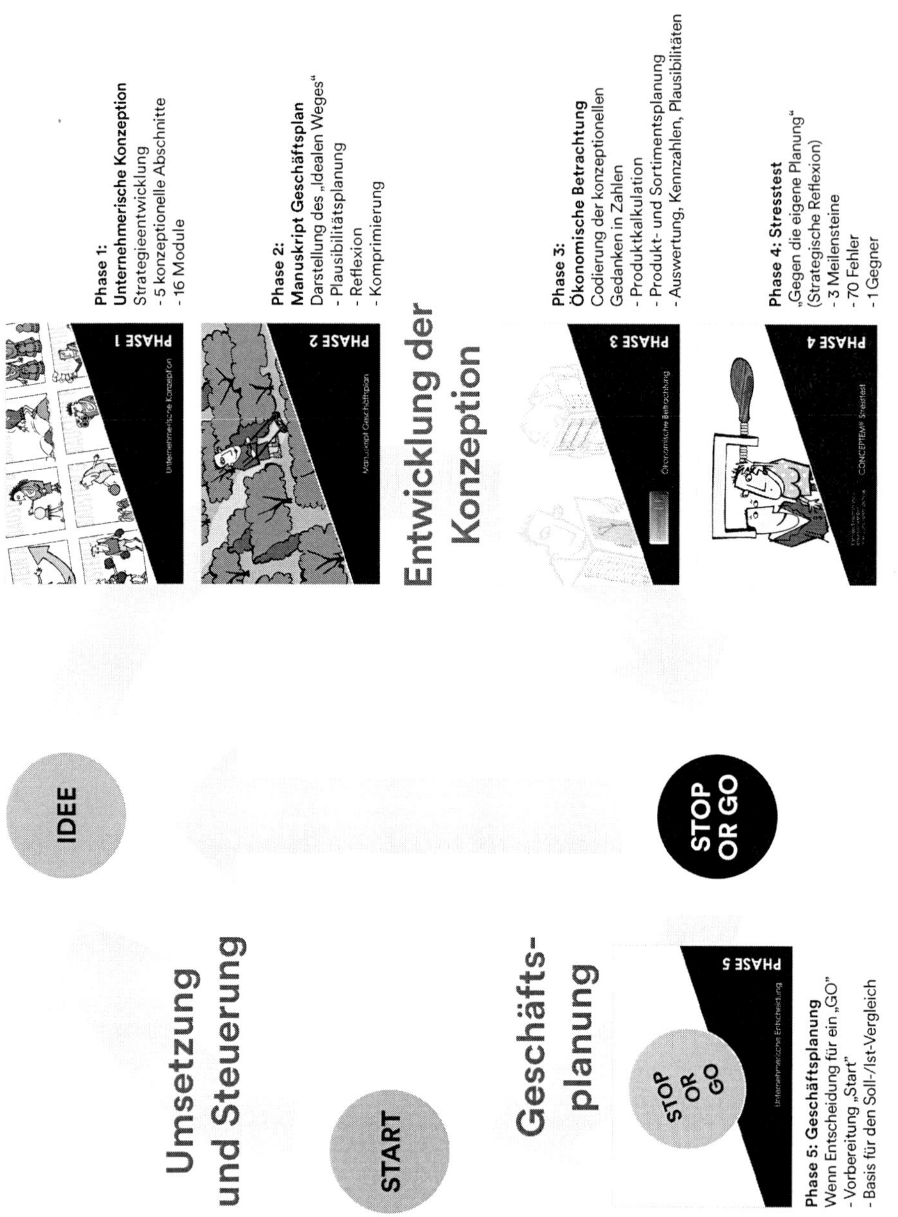

Abbildung 21: CONCEPTEM® und seine Instrumente

Insgesamt ist es gelungen, Niedrigschwelligkeit herzustellen und Komplexität zu reduzieren, was durch die empirischen Beobachtungen und Evaluationen bestätigt wird. Das Format der Instrumente, der spielerische Charakter sowie thematische Karikaturen unterstützen dies. Um den gedanklichen Zugang auch für Nicht-Betriebswirte zu erleichtern, wurden Fachbegriffe reduziert bzw. in Begriffssammlungen erläutert. Diese methodisch-didaktischen Elemente arbeiten gegen eine Selbstunterschätzung. Diese Einschränkung steht der einer Selbstüberschätzung diametral gegenüber. Die Instrumente sind zum Teil haptisch und teils als digitale Instrumente konstruiert. Der Wechsel zwischen Papier und digitalen Elementen ist zur Unterstützung des strategischen und didaktischen Prozesses in der Praxis erprobt. Da sich eine fundierte Planung und letztendlich die Entscheidung vor allem darauf stützt, dass sie plausibel ist, verlangt dies vom Strategen das Erfassen von Abhängigkeiten. Dies ist ein wichtiger Aspekt, der für handschriftliches Schreiben spricht. Durch das Schreiben entsteht ein Bild, das den Strategen beim Veranschaulichen, Erinnern und Verknüpfen seiner niedergeschriebenen Einzelentscheidungen unterstützt. Der zweite Aspekt bezieht sich auf die „niedergeschriebene Entscheidung" selbst. Aus dem Kopf auf das Papier gebracht, wird die „wilde" Modulation der Idee im Hirn unterbrochen und – aus Sicht des Strategen – das Beste aus den bisherigen Überlegungen festgehalten. Dies ermöglicht es, nun konkret darüber zu diskutieren, zu widersprechen, weiterzuentwickeln und so die Strategie gezielt zu modulieren.

Die Frage „Stift oder Tastatur" behandelt auch Manfred Spitzer in seinem Buch „Die Smartphone Epidemie" (Spitzer 2018: 34) und verweist hier auf eine Untersuchung mit dem Titel „Der Füllfederhalte ist mächtiger als die Tastatur". Die Erkenntnis lautet, dass beim Mitschreiben im Unterricht oder während der Vorlesung mehr gelernt wird als beim Tippen am Computer". Lernen, bezogen auf die Intention der Methode White Strategy, meint, sich die einzelnen unternehmerischen Entscheidungen besser zu behalten, zu verknüpfen, um letztendlich Plausibilitäten nachzuvollziehen.

Weitere praktische Gründe sprechen dafür Papier einzusetzen. Ein Beispiel hierzu ist der Moment, wenn mögliche „Nacht- und Duschzettel" mit handschriftlichen Gedankenblitzen bekritzelt auftauchen. Weiterhin kann Papier bei Bedarf auch einfach und schnell räumlich an- und umgeordnet werden, um Zusammenhänge besser wahrzunehmen, Perspektivenwechsel anzuregen und auch, um Plausibilitäten besser zu erfassen.

EXKURS: Grüße aus der Steinzeit
Wir stellen uns regelmäßig selbst die Frage, ob auf die haptischen Elemente des Systems zu Gunsten einer weiteren Digitalisierung des Systems verzichtet werden sollte.
Diese Frage kann wohl am deutlichsten beantwortet werden, indem man sich die Tragweite der Entscheidung bewusst macht und sich mit den Anforderungen an den Strategen auseinandersetzt. Deshalb zielt das System und die damit verbundene Methode darauf ab, den Strategen bestmöglich auf seine unternehmerische und persönliche Entscheidung vorzubereiten. Diese Vorbereitung erfordert eine dementsprechend intensive Auseinandersetzung mit der Idee und dem daraus entstehenden Vorhaben.
Unsere Beobachtungen im Rahmen der strategischen Arbeit mit unterschiedlichen Gruppen – wozu auch sogenannte „Digital Natives" gehören – weisen darauf hin, dass trotz aller Digitalisierung der Einfluss von (Steinzeit)Hirn und (Steinzeit)Bauch bei der Entscheidungsfindung nach wie vor beachtet werden muss – speziell die kognitiven und emotionalen Bereiche des Strategen müssen der Entscheidung zustimmen. Insgesamt hat sich der Eindruck bestätigt, dass haptische Elemente tatsächlich die Sinne anregen und die Wahrnehmung unterstützen. Zusätzlich begünstigt das Schreiben von Hand Lernen und Erinnern. Verwunderlich ist das im Grunde nicht, wenn man darüber nachdenkt, dass die Entwicklung des Menschen von der Altsteinzeit bis heute ca. 800.000 Jahre benötigt hat. Was sind dagegen ein paar Jahrzehnte Digitalisierung für uns?

„Die Handschrift kehrt zurück" titelte die Frankfurter Allgemeine Sonntagszeitung in ihrer Rubrik „Technik & Motor": „Heute sind Stift und Handschrift zurückgedrängt. Dabei hat das Schreiben mit seiner eigenen Handschrift viele Vorzüge: Die Finger müssen komplexe Bewegungen ausführen, an Geschriebenes erinnert man sich deshalb besser als an Getipptes. Das Zusammenspiel von Feinmotorik und haptischem Erleben kann kreative Prozesse anstoßen, es hat etwas Sinnliches und Meditatives. Grund genug, einen Blick auf Geräte mit Stiftbedienung und Handschriftenerkennung zu werfen." (Frankfurter Allgemeine Sonntagszeitung, Technik & Motor 2020: 37)

Alle methodisch-didaktisch entwickelten Bestandteile des Systems zielen darauf ab, dass der Stratege weiß was er tut, er sich seiner Entscheidungen bewusst ist. Er muss die mit der Konzeptionierung verbundenen qualitativen und quantitativen Bestandteile nachvollziehbar erklären können – und zwar zuallererst sich selbst, um mit kognitiven Dissonanzen umzugehen. Auch bei einer folgenden Umsetzung ist die Nachvollziehbarkeit von Bedeutung, um eine Steuerung des Vorhabens zu gewährleisten. Die Anforderung des „Erklären-Könnens" der getroffenen Annahmen bezieht sich je nach Situation auf weitere Personen in seinem Umfeld, bei Bedarf muss er auch Externe überzeugen können. Aufgrund dieser Überlegungen setzen wir weiterhin auf die beschriebene Methode, die haptische sowie digitale Komponenten beinhaltet.

Ein weiterer Teil der Methodik ist die Kombination von Eigenarbeit mit externer Perspektive, womit Coaching bzw. Sparringspartnerschaft gemeint ist. Welche Bedeutung hat Eigenarbeit und warum ist diese Art von Gedankenaustausch so wichtig?

Die intensive Beschäftigung mit dem Vorhaben sichert die persönliche Identifikation sowie das Wissen um dessen Stärken und Schwächen. Damit wird auch Vertrauen für den weiteren Umgang mit eben diesen Stärken und Schwächen aufgebaut – der Stratege kann die Grundlagen der Konzeption besser einschätzen. Die gemeinsame Diskussion bewirkt eine intensive Reflexion der vorgedachten Konzeption. Wir konnten beobachten, dass der Dialog im persönlichen Gespräch hilft, Plausibilitäten zu hinterfragen, neue Ansätze zu finden und mögliche Barrieren zu erkennen.

Entscheidungen mit Tragweite
benötigen alle Sinne des Strategen.

aus: Perspektiven, CONCEPTEMverlag©

Die bisher aufgezeigten methodischen Elemente des Systems fördern *Neues Denken* und dienen ebenfalls der fundierten Vorbereitung der Entscheidung, auch im Hinblick auf eine mögliche Umsetzung. In der folgenden Abbildung sind diese Bestandteile nochmals skizziert.

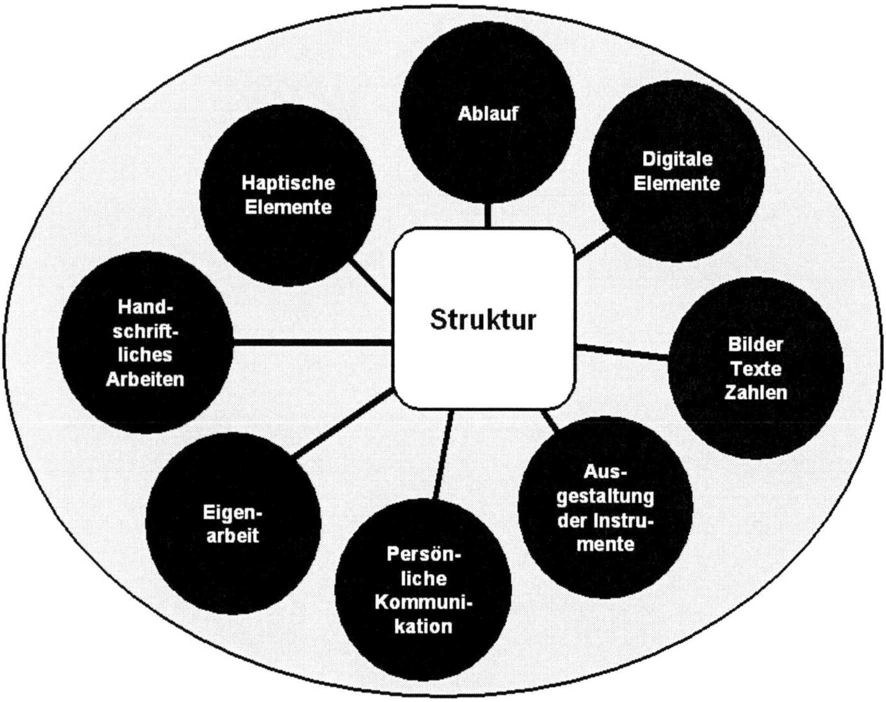

Abbildung 22: Methodische Elemente des Systems zur Unterstützung der Entscheidungsfindung

2.3 Der »Strategische Prozess« und der »Didaktische Prozess«

Um eine unternehmerische Idee zu einem Vorhaben zu entwickeln, wird die Konzeption erstellt. Hierfür ist eine Struktur hinterlegt, die gleichzeitig leitet, aber auch notwendige Kreativität zulässt. Im Weiteren zeigen wir auf, wie der Stratege Schritt für Schritt zu seinen Entscheidungen geführt wird. Die folgende Abbildung zeigt den Ablauf, den wir als Strategischen Prozess bezeichnen.

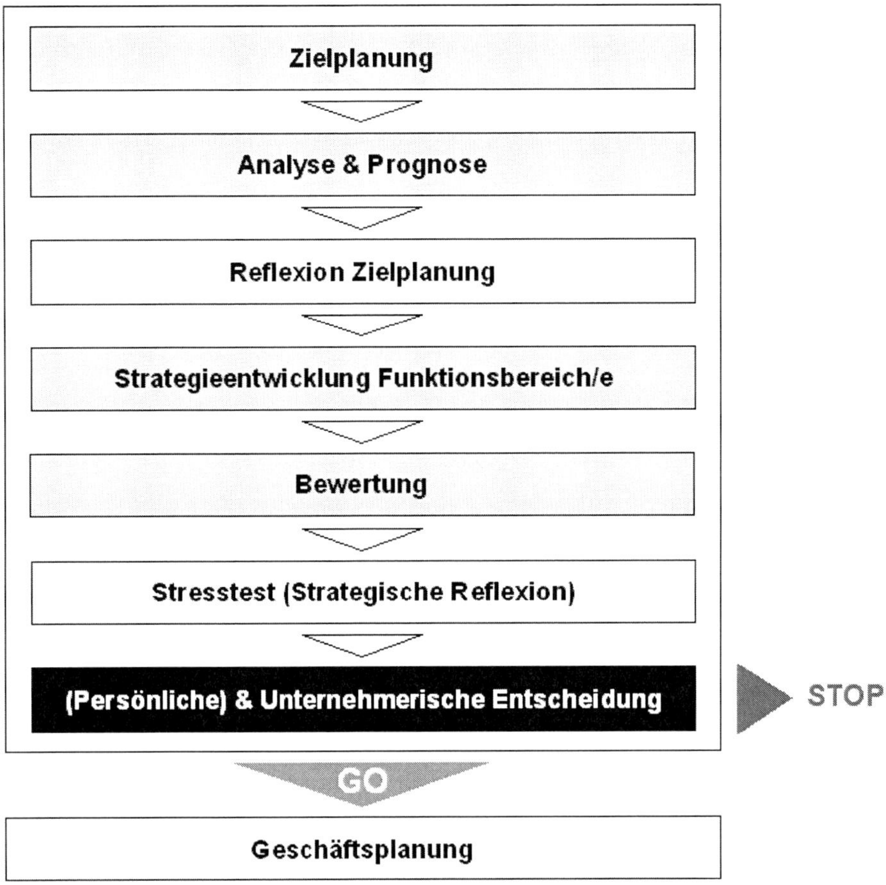

Abbildung 23: »Strategischer Prozess« nach CONCEPTEM®

Der Strategische Prozess verlangt vom Strategen mehrere Perspektivenwechsel (siehe auch Abbildung 24). Zu Beginn bringt der Stratege seine eigenen Vorstellungen mit und hat in der Zielplanung eine „Subjektive Perspektive".

Aus dieser Perspektive ist „freies Denken" möglich, ohne Eingrenzung – wenn es zugelassen wird. Die einzige Grenze ist der Stratege selbst, wenn er sich aufgrund seiner Erfahrungen, seiner Vorurteile oder aufgrund seiner Sozialisierung limitiert. Dazu gehört auch der Drang sofort zu recherchieren und seine Gedanken dadurch zu einem frühen Zeitpunkt zu beeinflussen. Selbstbeherrschung ist gefragt, um die Chance zu erhalten, ein Problem auf andere Weise zu lösen.

Es werden Einschätzungen vorgenommen, die Orientierung in der Zukunft geben sollen. Vor allem werden Fragen generiert und diszipliniert gesammelt, um diese für den nachfolgenden Perspektivenwechsel zu nutzen.

Im Laufe der Konzeption werden ihm weitere Perspektiven abverlangt. Im Rahmen der Analyse eine „Objektive Perspektive",

Für die gesammelten Fragen wird nach Antworten gesucht und diese objektiv beantwortet. Weitere Informationen werden zusammengestellt – aus neutraler, nicht beteiligter Position und nicht interpretiert.

in der nachfolgenden Reflexion der Zielplanung wiederum eine „Marktorientierte Perspektive".

Informationen und Antworten aus der objektiven Perspektive werden mit der subjektiven Perspektive reflektiert. Beide Perspektiven kommen zusammen: Die „frei gedachte" unternehmerische Idee und aus objektiver/neutraler Sicht zusammengetragenen Erkenntnisse. Es folgt Bestätigung oder Modifizierung der unternehmerischen Idee oder die Erkenntnis, dass schon hier die Entscheidung STOP lautet.

Die anschließenden Überlegungen, wie die Funktionen auf den Markt ausgerichtet werden können, verlangen dann eine „Strategische Perspektive".

Aktivitäten unter Berücksichtigung ihrer Wirksamkeiten werden bestimmt – orientiert am Markt und den zur Orientierung gesetzten Zielen – und die quantitativen und qualitativen Ressourcen dafür eingeschätzt.

Für die folgende Betrachtung des unternehmerischen Vorhabens nimmt der Stratege eine „Ökonomischen Perspektive" ein.

Das unternehmerische Vorhaben wird bewertet: Dem Qualitativen folgt das Quantitative, die beide miteinander korrespondieren. Daraus ergeben sich die Grundlagen für eine ökonomische Bewertung sowie für Plausibilitätsprüfungen.

Danach ist die „Reflektierende Perspektive" gefragt, wenn er sich – möglichst mit einem Sparringspartner – nochmals mit seinem Vorhaben auseinandersetzt.

„Hast du es eilig, so nimm einen Umweg", sagt ein altes Sprichwort. Die Reflexion des Vorhabens vor der Entscheidung ermöglicht, es in seiner Gänze nochmals aus externer Sicht zu betrachten.

Abschließend ist aus der „Unternehmerischen Perspektive" die Entscheidung für oder gegen das Vorhaben gefordert.

Drei gleichwertige strategische Entscheidungsoptionen stehen für die unternehmerische Entscheidung zur Auswahl. Die Herausforderung ist dabei unter anderem, Unternehmerisches und Persönliches zu trennen bzw. bewusst zu machen und zu überlegen, inwieweit persönliche Einflüsse die unternehmerische Entscheidung beeinflussen. Je klarer die Gründe für die Entscheidung, umso besser ist der strategische Umgang damit.

Subjektive Perspektive

Unternehmerische Idee
- Fähigkeiten
  Person/Team/Unternehmen
- Qualitative Zukunftsorientierung
- Quantitative Zukunftsorientierung
- Übergreifende Strategie
- Nutzen und Preisstellung

Objektive Perspektive

Analyse & Prognose
- Einflussfaktoren auf den Markt und des Marktes
- Marktattraktivität
- Zielgruppen und Potenziale
- Konkurrenz
- Positionierung und Differenzierung

Marktorientierte Perspektive

Konzeptionelle Reflexion
zwischen „Objektiver Perspektive“ und „Subjektiver Perspektive“
- Modifizierung?
- Bestätigung
- „Stop?“

Strategische Perspektive

Funktionen und Einheiten
- Standort
- Vertrieb
- Vertriebslogistik
- Kommunikation
- Organisation

Ökonomische Perspektive

Bewertung
- SWOT
- Aktivitäten und Wirksamkeiten:
  Funktionen, Maßnahmen, Aktionen, Budgetierung
- Ökonomische Betrachtung
- Plausibilität

Reflektierende Perspektive

Stresstest
in der „Strategischen Reflexion“
- gegen die eigene Planung
- gegen 70 unternehmerische Fehler
- gegen den größten strategischen Gegner

Unternehmerische Perspektive

Entscheidung
STOP | OR | GO

Abbildung 24: Perspektivenwechsel im »Strategischen Prozess«

Wir stellen immer wieder fest, dass der Stratege sich bei der Beschäftigung mit seiner unternehmerischen Idee weiterentwickelt. Die konzeptionelle Arbeit fordert vom Strategen verschiedene Fähigkeiten wie zum Beispiel marktorientiertes Denken, objektives Einschätzen, kreatives Arbeiten, ökonomisches Bewerten und fundiertes Entscheiden.

Bei der Erarbeitung der Konzeption wechselt er seine Perspektiven und nimmt dadurch neue Informationen auf. Er erhält neue Erkenntnisse und reichert Wissen an. Diese Auseinandersetzung mit dem Vorhaben führt zu einer gesteigerten Wahrnehmung. Zudem entsteht so ein Bewusstsein für eigene und vom Markt geforderte Kompetenzen. Um beurteilen und entscheiden zu können, muss der Stratege ganzheitliche Zusammenhänge erkennen und verknüpfen, was ihm integrierendes Denken abverlangt. Dazu werden logische und analytische wie auch kreative Bereiche wie Gefühle, Neugier, Intuition mit einbezogen. Immer wieder ist darüber hinaus zu erkennen, dass im Hintergrund selbst Einstellungen infrage gestellt und gegebenenfalls beeinflusst werden. Insgesamt findet eine umfassende Horizonterweiterung statt.

Diesen Vorgang bezeichnen wir als Didaktischen Prozess, der beim Strategen unwillkürlich durch die konzeptionelle Arbeit angestoßen wird. Beide Prozesse, der strategische und der didaktische, laufen im Rahmen der konzeptionellen Arbeit parallel ab – wobei der Didaktische Prozess häufig nicht bewusst wahrgenommen wird.

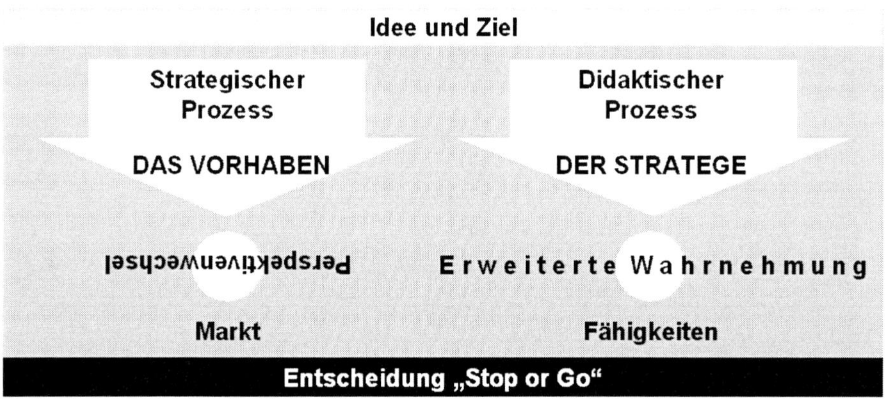

Abbildung 25: Zwei parallel ablaufende Prozesse

Interessanterweise ist Folgendes festzustellen:

Im Strategischen Prozess weisen seine als Orientierung gesetzten Ziele dem Strategen den Weg. Sie dienen der konzeptionellen Entwicklung der Idee zu einem Vorhaben, um eine abschließende unternehmerische Entscheidung dazu treffen zu können.

> **Das Ziel weist den Weg.**
> **Der Strategische Prozess entwickelt das unternehmerische Vorhaben.**
> aus: Perspektiven, CONCEPTEMverlag©

Der Didaktische Prozess führt dazu, dass der Horizont des Strategen sich erweitert und seine Wahrnehmung verbessert. Um seine unternehmerische und persönliche Entscheidung treffen zu können, erarbeitet er eine fundierte Konzeption. Auf ihn selbst bezogen ist somit „der Weg das Ziel".

> **Der Weg ist das Ziel.**
> **Der Didaktische Prozess entwickelt den Strategen.**
> aus: Perspektiven, CONCEPTEMverlag©

Dieser Rückwirkungseffekt von Vorhaben auf Strategen wird oft nicht erkannt. Der Stratege entwickelt sich und seine Fähigkeiten weiter. Die Umsicht steigt. Dies hat Einfluss auf die Konzeption des Vorhabens. Auch sie profitiert vom erweiterten Horizont des Strategen.

Die folgenden Beschreibungen gehen auf einzelne Abschnitte und Schritte im Strategischen Prozess ein. Entsprechend zugeordnet sind unter „Auseinandersetzungen im Didaktischen Prozess" Einflüsse und Herausforderungen beschrieben, die den Didaktischen Prozess bewirken sowie damit verbundene Erkenntnisse und auch den Umgang mit ihnen. Unsere Beobachtungen bei den Auseinandersetzungen der Strategen mit ihren unternehmerischen Vorhaben haben wir entsprechend zugeordnet: Welche Herausforderungen kommen in den einzelnen Phasen auf den Strategen zu, wie wird häufig damit umgegangen, welche Wirkungen treten auf?

2.3.1 Einflüsse auf die Prozesse

Die intensive Beschäftigung mit der unternehmerischen Idee erfolgt in den »Strategischen Abschnitten« der Phase der »Unternehmerischen Konzeption«. Dies beabsichtigt, dem Strategen grundsätzliche Perspektivenwechsel von subjektiv zu neutral und dadurch objektiv zu ermöglichen wie auch, unterschiedliche Perspektiven zusammenzuführen.

Um den Weg zur unternehmerischen Entscheidung und die damit verbundenen Prozesse zu unterstützen, sind in der Struktur des Strategiesystems eine bestimmte Reihenfolge sowie Reflexion und Selektion methodisch berücksichtigt.

Reihenfolge

Die Abfolge innerhalb einer Struktur spielt eine wichtige Rolle. Sie kann Einfluss auf Wahrnehmung, Horizont und Entscheidungen nehmen. Deshalb sind die einzelnen Phasen des Strategiesystems in einer bestimmten Reihenfolge angeordnet. Gleiches gilt auch für die Strukturen und Abfolge der Fragestellungen innerhalb der einzelnen Phasen.

Ein einfaches Beispiel für Abfolge und Einflüsse auf den Strategen ist die Auseinandersetzung mit der Zielgruppe in der Unternehmerischen Konzeption. Das Thema erscheint vielleicht vordergründig als einfach. Dennoch ist es von Bedeutung, da die falsche Wahl der Zielgruppen als einer der typischen unternehmerischen Fehler in den „Statistiken des Scheiterns“ (Reiß/Schenscher/Fischbach 2018: 23) aufgeführt wird. Die empirischen Beobachtungen haben gezeigt, dass durch die Reihenfolge [Kundenbedürfnisse] dann [Kundengruppen des Marktes], danach [Kundenzielgruppen] und abschließend [Kommunikations-Zielgruppen] seitens des Strategen oftmals Potenziale erkannt werden, die sonst übersehen würden.

Reflexion

Die Verbindung zwischen den einzelnen Phasen des Strategiesystems und den unterschiedlichen Betrachtungen innerhalb der Phasen erfolgt durch Reflexion. Reflexion bedeutet in diesem Fall, gemachte Erfahrungen unter einer neu gewonnenen Perspektive zu durchdenken und zusammenzuführen.

Die Strategischen Abschnitte der Unternehmerischen Konzeption sind aufeinander abgestimmt. Jeder Abschnitt verlangt eine bestimmt Perspektive – subjektiv von innen, objektiv von außen, beides kombiniert – die jeweils abzuschließen ist. So führt beispielsweise die Bearbeitung des Abschnitts „Markt" aus objektiver Sicht zu Erfahrungen, die mit dem vorher aus subjektiver Perspektive bearbeiteten Abschnitt „Idee" zwingend überdacht und modifiziert oder bestätigt werden müssen.

Ein weiteres Beispiel für notwendige Reflexion, aber auch für die Reihenfolge, ist die SWOT-Analyse (Strengths/Weaknesses, Opportunities/Threats). Hierbei müssen die in der zuerst durchgeführten Konkurrenzanalyse festgestellten Stärken und Schwächen des eigenen Vorhabens gegenüber der Konkurrenz wieder überdacht werden. Das rührt daher, dass erst nach der Analyse des Marktes und der Konkurrenz die eigenen Aktivitäten sinnvoll festgelegt werden können – Standort, Distribution und Kommunikation sowie Organisation.

Selektion

Für jede Idee sind in der Unternehmerischen Konzeption grundsätzliche Fragestellungen in einer definierten, aufeinander aufbauenden Reihenfolge angeordnet. Dies hat für den Strategen unter anderem folgende Vorteile.

Die Vorgehensweise kann auch mit einer Checkliste verglichen werden, die ebenfalls zum Ziel hat wichtige Aspekte nicht zu übersehen. Dabei wird jede Frage in der Konzeption von dem Strategen berücksichtigt und entschieden, ob sie für die jeweilige Idee relevant ist.

- Dabei erfolgt in diesem Vorgang die bewusste Entscheidung des Strategen, sich mit einem Aspekt nicht weiter zu beschäftigen.
- Auch wenn die Frage zu diesem Zeitpunkt als bedeutungslos eingestuft wird – hat sich der Stratege zumindest mit ihr beschäftigt. Dies kann im weiteren Verlauf der Konzeptionsphase vorteilhaft sein, da dieser Themenbereich gedanklich trotzdem präsent bleibt.
- In einer Umsetzungsphase entfällt somit der mögliche Eigenvorwurf „hätte ich nur daran gedacht, dann hätte ich anders entschieden". Dies erhöht die Chance zu einem positiven Umgang mit Fehlentscheidungen und besseren künftigen Entscheidungen.

Vergessen kann man nur das,
was man jemals wahrgenommen hat.

aus: Perspektiven, CONCEPTEMverlag©

2.3.2 Prozesse in der Konzeptionsphase

Die Methode und das Instrumentarium haben wir soweit beschrieben. Aber was geschieht im Didaktischen Prozess während der Strategische Prozess leitet? Evaluationen und empirische Beobachtungen lassen bestimmte Verhaltensweisen, Denk- und Verhaltensmuster erkennen. Im Laufe der Zeit verdichteten sich Eindrücke und wirkten auf die Methode ein. Der Struktur des Strategischen Prozesses folgend, haben wir ausgewählte Beobachtungen beschrieben und zum besseren Nachvollziehen optisch grau hinterlegt. Sie geben Hinweise darauf, auf welche Einflüsse in der konzeptionellen Arbeit geachtet werden sollte und auf Barrieren, die *neues Denken* einschränken können.

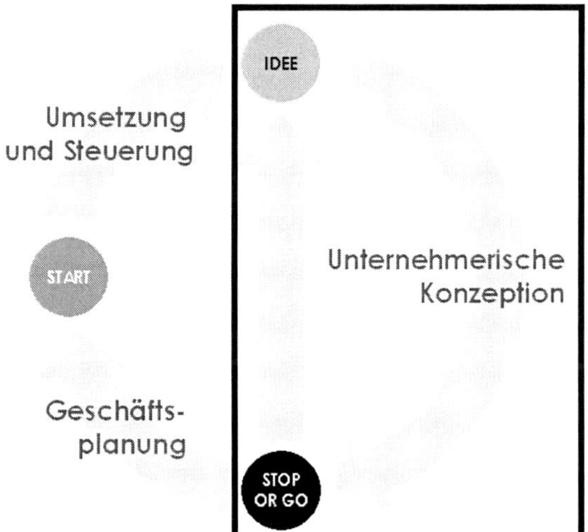

Abbildung 26: Abschnitt »Unternehmerische Konzeption«

Wir stellen uns regelmäßig die Frage, inwieweit es dem Instrumentarium gelingt, den Strategen alleine methodisch zu führen. Diesbezüglich konnten wir beobachten, dass dies funktioniert. Vollständig ausgeschöpft wird das Potenzial der Methode White Strategy jedoch im Dialog mit einem methodisch versierten Coach und der damit verbundenen Reflexion.

Der Stratege

Kann ein Vorhaben eigentlich nur dann erfolgreich sein, wenn eine Prüfung der unternehmerischen Persönlichkeit des Entre- oder Intrapreneurs vorab stattgefunden hat?

Unsere Erfahrung ist eine andere. Diese zeigt, dass sich sowohl eine unternehmerische Idee als auch die Fähigkeiten einer Person, die sich mit der Idee beschäftigt, im Rahmen des konzeptionellen Prozesses weiterentwickeln. Deshalb verfolgt die White Strategy eine offene und nicht ausgrenzende Vorgehensweise, die eine Evolution von Person und Idee zulässt. Die Methode zielt hierbei auf eine fundierte Selbsteinschätzung durch den Strategen im Rahmen seiner unternehmerischen und persönlichen Entscheidung für oder gegen das Vorhaben. Dafür ist es besonders wichtig, dass die zukünftigen Anforderungen von ihm erkannt und verstanden sind.

Auseinandersetzungen im Didaktischen Prozess ● Jede Person setzt sich zu Beginn des Prozesses mit Fragen zu den persönlichen Leidenschaften, Talenten, Kompetenzen und Wissen auseinander und beschreibt diese für sich. Für den weiteren Verlauf der Konzeption werden diese Ausprägungen ausgeblendet. Dies zielt auf die Abkopplung der Person von der unternehmerischen Idee (Persönliche Abkopplung). Indem die Person in die Position des Strategen versetzt wird, werden mögliche persönliche, finanzielle oder andere Restriktionen ausgeblendet. Im Vordergrund steht jetzt die Frage, wie das unternehmerische Vorhaben unter der Berücksichtigung der Ziele im Markt bestehen kann.

Dazu gehört in der fortgeschrittenen Konzeption auch die Frage nach der Organisation, die das Vorhaben benötigt. Erst nach der Feststellung, welche Funktionen in welcher Qualität und Quantität von Relevanz sind, werden nun die zu Beginn genannten persönlichen Ausprägungen des Strategen hinzugezogen. Die Anforderungen des Marktes an die Organisation werden mit den persönlichen Fähigkeiten des Strategen als Teil der Organisation mit all ihren Funktionen abgeglichen. Hierbei werden die mit der Idee, dem Ziel und dem Markt verbundenen Anforderungen an den Strategen thematisiert, von ihm – sofern er schon über die Fähigkeit der Selbstreflexion verfügt – erkannt und in seiner make-or-buy-Entscheidung verarbeitet.

Welche Vorteile ergeben sich aus dieser methodischen Vorgehensweise?

Der Stratege hat die Anforderungen an das Vorhaben und an die Organisation erkannt. Dies ermöglicht ihm die Einschätzung, ob seine vorhandenen und durch den Didaktischen Prozess bisher entwickelten Fähigkeiten genügen, um die angedachte Unternehmung zu führen – oder nicht.

Warum ist der offene Umgang des Strategen mit seinen eigenen Fähigkeiten strategisch relevant?

Neben der Alternative, das unternehmerische Vorhaben selbst umzusetzen, ergeben sich für den Strategen aufgrund seiner Erkenntnisse weitere Handlungsoptionen, die er beschreiten kann. Er kann entscheiden, ob die Anforderungen, die er nicht persönlich abdecken kann oder will, zugekauft werden, ob er beispielsweise kooperiert oder, ob er die unternehmerische Idee verkauft, weil er sich selbst nicht als Unternehmer sieht oder sich aus dem gleichen Grund alle notwendigen Funktionen zukauft und z.B. als Gesellschafter fungiert.

Zielplanung

Die Zielplanung erfolgt aus der subjektiven Perspektive. Sie hat die Aufgabe die Vorstellungen zur unternehmerischen Idee in mehreren Schritten zu präzisieren.

Auseinandersetzungen im Didaktischen Prozess • In diesem Zusammenhang ist häufig festzustellen, dass eine Barriere besteht, in die Zukunft zu planen. Genau genommen bezieht sich diese Barriere aber häufig auf die damit verbundene Konkretisierung des Ziels. Andererseits zeigt die Praxis, dass eine persönliche Zielvorstellung des Strategen bereits unterschwellig vorhanden ist, denn sonst wäre kaum die Bereitschaft vorhanden, die unternehmerische Idee weiterzuverfolgen.

Der Wille und die Entscheidungskraft des Strategen ein erstes Ziel zur eigenen Orientierung zu setzen, sind wichtige Fähigkeiten und ist elementar für die weitere Konzeptionierung des unternehmerischen Vorhabens. Ist er sich über sein unternehmerisches Ziel nicht im Klaren, kann das Ziel seine Funktion – Orientierung in der Zukunft zu geben – nicht erfüllen. Die weiteren, nachgelagerten Überlegungen werden dadurch ebenso orientierungslos.

Im ersten Schritt wird die unternehmerische Idee kurz und für Dritte verständlich beschrieben. Die damit verbundene Klarheit ist auch deshalb von Bedeutung, da sich die weiteren Betrachtungen daran orientieren können. Dies erleichtert die nachfolgenden konzeptionellen Überlegungen.

Auseinandersetzungen im Didaktischen Prozess ● Eigentlich ist alles klar. Da ist die Idee, der Potenzial im Markt zugeschrieben wird, was zur weiteren Beschäftigung mit ihr motiviert. Und doch ist zu beobachten, dass das, was klar erscheint, es oftmals dann doch noch nicht ist. Die Erkenntnis kommt meist, wenn die Idee schriftlich niedergelegt und dabei knapp und verständlich spezifiziert werden soll. Gleichzeitig zwingt diese Vorgehensweise dazu sich festlegen zu müssen. Insbesondere Teams profitieren davon, um sicherzustellen, dass alle „das gleiche Bild im Kopf" haben. Manchmal kein leichtes Unterfangen, das den Dialog zwischen den Beteiligten erfordert.

Nach der Beschreibung der Idee folgt die Festlegung des Markteintrittstermins sowie die qualitative Beschreibung des unternehmerischen Ziels, bezogen auf das Ende des dritten Jahres. Damit ist der Betrachtungszeitraum festgelegt, in dem die Idee im Markt aktiv sein soll.

Der Markteintritt wird erfahrungsgemäß mindestens ein halbes bis ein Jahr in die Zukunft gelegt. Dafür gibt es gute Gründe. Ein Grund liegt auf der Hand – die Vorbereitung der möglichen Umsetzung benötigt meist Vorlauf. Ein weiterer Grund betrifft die Ent- und Abkopplung im Sinne der White Strategy. Hierbei geht es – wie schon dargelegt – darum, genügend Freiraum für *Neues Denken* zu schaffen. Dazu ist es nützlich, einen genügenden gedanklichen Abstand zu möglicherweise bereits vorliegenden Überlegungen zu dem Vorhaben zu bekommen. Besondere Beachtung verdient die gedankliche Ent- und Abkopplung, falls aus einem laufenden Geschäft heraus ein neues unternehmerisches Vorhaben entwickelt werden soll.

Weiterhin werden Vorstellungen zur unternehmerischen Idee festgehalten. Dazu müssen unterschiedliche Fragen beantwortet werden wie z.B.: Wie soll die Unternehmung zum Startzeitpunkt und Ende des dritten Jahres von Kunden wahrgenommen werden? In welchem Markt wird sie aktiv sein, mit welcher geografischen Reichweite? Welche Bedürfnisse der potenziellen Kunden sollen durch die Idee befriedigt werden?

Auseinandersetzungen im Didaktischen Prozess ● Die Beschreibung, wie Kunden die Unternehmung wahrnehmen sollen, fordert dem Strategen eine gewisse Vorstellungskraft ab. Dazu ist bereits an dieser Stelle ein Perspektivenwechsel nötig, um sich mit den Bedürfnissen der Kunden auseinanderzusetzen. Zur Festlegung des Starttermins, der geografischen Reichweite und weiterer Aspekte, die das Vorhaben konkretisieren, muss er seine Vorstellung präzisieren und diesbezüglich Entscheidungen treffen.

Zu beobachten ist, dass die notwendigen Perspektivenwechsel, die im weiteren Verlauf der Konzeption noch öfter von dem Strategen vorgenommen werden müssen, für ihn nicht immer leicht zu bewerkstelligen sind. Erfahrungsgemäß erleichtert das Hinzunehmen eines erfahrenen Sparringspartners die Aufgabe.

Nun wird das qualitativ formulierte Ziel quantifiziert, auch um die angestrebte strategische Dimension im relevanten Markt zu (er)kennen. Dazu wird das Ziel Ende des dritten Jahres als Umsatzgröße definiert, um in der Zukunft einen messbaren Orientierungspunkt zu haben. Davon ausgehend werden Meilensteine als Umsatzgröße im Abstand von zwölf Monaten mit Datum bis zum Startzeitpunkt festgelegt: Ende Jahr 2, Ende Jahr 1, Start.

Auseinandersetzungen im Didaktischen Prozess • Während die Beschreibung des Ziels meist einfach bewerkstelligt wird, ist zu beobachten, dass die Quantifizierung des Ziels deutlich schwerer fällt. Was sind diesbezüglich die häufigsten Barrieren, die sich in folgenden Fragestellungen äußern?

Warum muss überhaupt quantifiziert werden?

Die Zielsetzung in Form des anvisierten Umsatzziels für Ende Jahr 3 gibt dem Strategen notwendige Orientierung in der Zukunft. Der im Raum stehende Wert ermöglicht darüber nachzudenken, ob dieser Wert zur Größe des Marktes passen könnte. Der Wert sensibilisiert auch für die Einschätzung, inwieweit der Stratege überhaupt bereit ist, in dieser Größenordnung möglicher Risiken zu denken – die zwar schon in der qualitativen Zielbeschreibung vorhanden sind, aber an dieser Stelle und zu diesem Zeitpunkt meist nicht bewusst wahrgenommen werden. Darüber hinaus drückt das messbare Ziel auch den eigenen Anspruch und damit die Einstellung des Strategen aus, also denkt er schon in der konzeptionellen Phase eher groß oder klein.

Ist der Stratege nicht bereit ein messbares Ziel zu setzen, so kann ihm selbst und möglichen Beteiligten nicht klar werden, welche Richtung eingeschlagen werden soll. Die Konsequenz: Ein Dialog ist nicht möglich, die Funktionen „Orientierung", „Motivation" und „Entscheidung" entfallen.

Warum wird Umsatz als Zielgröße genommen und nicht Gewinn?

Dafür gibt es mehrere Gründe. Zum einen ist im marktorientierten Umsatzziel die erste Überlegung enthalten, ob der Markt in dem geografisch definierten Raum überhaupt über ein solches Potenzial verfügt. Auch ist Umsatz eine Kennzahl, die eine leichtere Vergleichbarkeit mit anderen Unternehmen ermöglicht und weniger Einflüssen unterworfen ist als Gewinn. Der wichtigste Grund bezieht sich jedoch auf die Phase der Konzeptionserstellung. In diesem

Moment eignet sich nur der Umsatz als Zielsetzung, da über die Kosten für das gesamte Vorhaben noch nicht nachgedacht wurde und damit Gewinn als Zielsetzung ausscheidet.

Warum sollte zu diesem Zeitpunkt Umsatz als Zielgröße zwar formuliert, aber nicht berechnet werden?

Das Umsatzziel als Wert drückt eine Größenordnung zur Orientierung aus, dessen Festlegung vom Strategen eine gewisse Vorstellungskraft fordert. Die Festlegung betrifft konkret die wichtige dreiteilige strategische Auseinandersetzung mit den Fragen:

- Was traue ich der Idee zu?
- Was traue ich mir selbst zu?
- Was traue ich dem Markt zu?

Die Aufgabe ist zu diesem Zeitpunkt bewusst so gestellt, um Raum für *Neues Denken* zu geben, den Horizont des Strategen zu öffnen und neue Wege zu ermöglichen. Die Umsatzgröße dient dabei der strategischen Orientierung mit dem Bewusstsein, dass die gewählte Größenordnung konzeptionell noch zu hinterfragen ist. Das zur Orientierung gesetzte Umsatzziel ist also jederzeit veränderbar.

Natürlich sind detaillierte Berechnungen zur ökonomischen Bewertung notwendig. Sie folgen im weiteren Verlauf der Konzeption, wenn sich die Idee weiter gefestigt und der Stratege mehr Wissen angereichert hat.

Aber was ist an dieser Stelle oft zu beobachten?

Der Stratege versucht oftmals instinktiv seine Unsicherheit zu reduzieren, indem er das Ziel mit „spitzem Stift“ berechnet. Statt sich im Sinne des *Neu-Denkens* zu orientieren neigt er dazu den „inneren Zahlenknecht“ frühzeitig auf den Plan zu rufen. Er läuft in dieser Phase Gefahr „die Multiplikation des Nichtwissens“ vorzunehmen, denn es fehlt ihm eigentlich die notwendige Basis für eine solche Berechnung.

Als weiterer Bestandteil der Zielplanung wird im nächsten Schritt der Nutzen des Angebots (Produkt oder Dienstleistung) und die damit verbundenen Vorteile für die potenziellen Kunden formuliert. Eine weitere wichtige Überlegung folgt, nämlich der Grund, warum die Kunden „gerade zu uns kommen“ sollen (USP – Unique Selling Proposition). Zusätzlich wird eingeschätzt, welcher

Marktpreis für die Leistung mit ihrem Nutzen seitens der Zielgruppen akzeptiert werden könnte.

Auseinandersetzungen im Didaktischen Prozess • Oftmals ist Unklarheit darüber zu erkennen, ob die Überlegungen, zu welchem Preis der Kunde das Angebot akzeptieren könnte (Marktpreis) nicht mit der Frage gleichzusetzen seien, was das Angebot kosten dürfe („Kostenpreis"). Denn häufig ist der Stratege versucht den Angebotspreis im Vorhinein zu kalkulieren. Allerdings liegen zu diesem Zeitpunkt meist zu wenige Informationen vor, um eine Angebotskalkulation durchzuführen. Dabei gilt hier gleiches wie bei der Zielsetzung: *Neues Denken* ist gefragt. Die Kunst strategisch zu agieren besteht darin, dem *neuen Denken* erst einmal Raum zu geben.

Hin und wieder steht auch eine spezielle Überlegung zur Höhe des möglichen Marktpreises im Raum. Der Überlegung liegt die Einschätzung des Strategen zu Grunde, dass er selbst „das Angebot nicht zu diesem Preis kaufen würde". Daraus wird dann vorschnell abgeleitet, dass die unternehmerische Idee gar nicht erfolgreich sein könne. Diese Einschätzung könnte vielleicht zu einem späteren Zeitpunkt der Konzeption bestätigt werden, nachdem die Auseinandersetzung mit Markt, Zielgruppen und Konkurrenz erfolgt ist. In dieser Phase der Zielplanung wäre diese „Erkenntnis" und die damit verbundene Entscheidung gegebenenfalls zu früh und zu einfach vorgenommen worden. Und grundsätzlich gilt auch für den Preis die alte Weisheit: Der Wurm muss dem Fisch schmecken, nicht dem Angler.

An dieser Stelle ist die Zielplanung vorerst abgeschlossen. Sie fordert *Neues Denken* und greift damit auf die Vorstellungskraft und das Abstraktionsvermögen des Strategen zurück. Weiterhin dient sie der Konkretisierung des Vorhabens. Es geht darum, als Stratege selbst mehr Klarheit über die unternehmerische Idee zu bekommen, Orientierung zu finden und wichtige Fragen zu erkennen, die in der nachfolgenden Analyse und Prognose beantwortet werden sollen.

Analyse und Prognose

Dieser Abschnitt erfordert eine objektive Perspektive (meint: nicht subjektiv, von Gefühlen und Vorurteilen bestimmt) mit der Anforderung, den Markt aus einer neutralen Position heraus (meint: derzeit noch nicht dem Markt zugehörig bzw. beteiligt) zu betrachten. Die Analyse startet damit aufzuzeigen, wie der für das Vorhaben relevante Markt strukturiert ist. Dabei sollen die an diesem Markt beteiligten Teilnehmer identifiziert werden.

Wird diese Analyse fundiert durchgeführt, sind Konkurrenten, Kundentypen und somit auch Zielgruppen und mögliche Potenziale sowie weitere Marktteilnehmer zu erkennen, die heute oder künftig Impulse in den Markt geben können. Der Horizont des Strategen wird erweitert und für mögliche Einflüsse und Veränderungen sensibilisiert.

In der weiteren Betrachtung werden die externen Einflussfaktoren ermittelt wie z.B. Gesetze/Politik, Einstellungen, Technologie etc., die auf diesen Markt heute und künftig einwirken können. Anschließend wird die Entwicklung der Einflussgrößen und deren Auswirkungen auf den Markt für den Betrachtungszeitraum prognostiziert.

Vergleichbare Überlegungen werden dann bezüglich der Gegebenheiten innerhalb des Marktes wie z.B. Nachfrage, Konkurrenzsituation, Bedürfnisse etc. angestellt und ebenfalls diskutiert, wie diese sich entwickeln könnten.

Auseinandersetzungen im Didaktischen Prozess • Beobachtungen aus einer objektiven Betrachtung durchführen zu müssen ist eine der großen Herausforderungen für den Strategen. Dabei besteht nämlich permanent die Gefahr, die neutrale Position des Beobachters zu verlassen und aus subjektiver Sicht zu interpretieren. Um dieser Gefahr entgegenzuwirken, ist es für den Strategen hilfreich sich bewusst zu machen, dass er bei dieser Aufgabenstellung nicht aktiv im Markt tätig ist, sondern diesen nur beobachtet und analysiert. Hier muss der Stratege für sich selbst und für diesen Zeitraum die Disziplin des Beobachters einfordern.

Die Kunst – vor allem bei diesem ersten Schritt der „Analyse und Prognose" – liegt darin, sich nicht in dem Vorgang der Recherche zu verlieren und abzuschätzen und zu reflektieren, welche Information für weitere Erkenntnisgewinne benötigt wird. Falls relevante Informationen fehlen, ist es sinnvoll eine Einschätzung vorzunehmen, die gedanklichen Hintergründe dazu festzuhalten und die Einschätzung als solche zu kennzeichnen. Zu diesem Zeitpunkt – mit noch fehlenden Perspektiven – eine Annahme zu treffen mit dem Wissen, dass diese nochmals verifiziert werden muss, ist effizienter als jetzt schon Ressourcen für eine tiefergehende Informationsbeschaffung einzusetzen ohne zu wissen, ob das Vorhaben grundsätzlich erfolgreich sein könnte. Diese Vorgehensweise bzw. die Entscheidung für oder gegen den Ressourceneinsatz ist abhängig von Idee, Markt und den Fähigkeiten sowie den weiteren Ressourcen des Strategen – es gibt also keine allgemein gültige Regel dafür, aber es ist sinnvoll so zu denken.

Sind der Markt und seine künftigen Entwicklungen eingeschätzt worden, folgt die Definition der Zielgruppen.

Auseinandersetzungen im Didaktischen Prozess • Die Zielgruppendefinition ist eng mit den Überlegungen zur Angebotsgestaltung verbunden. Auch der zielgerichtete Einsatz der Aktivitäten und damit der Ressourcen ist in hohem Maße davon abhängig. Daher kommt der Zielgruppenbestimmung eine große Bedeutung zu und die Anforderungen daran dürfen nicht unterschätzt werden.

Welcher Ablauf ist häufig zu beobachten?

Es steht eine unternehmerische Idee im Raum und der Stratege empfindet „Ich find´s gut!". In diesem Fall unterstellt der Stratege, dass Kunden die gleichen Bedürfnisse haben wie er selbst. Auch um dieser möglichen Gefahr einer solchen eingeschränkten Sichtweise entgegenzuwirken, berücksichtigt die Methode bereits bei der Zielplanung die Frage nach Kundenbedürfnissen. Die Abfolge fordert also, erst aus Kundensicht über Bedürfnisse nachzudenken. Im weiteren Verlauf eröffnet dies die Möglichkeit, aufgrund der Bedürfnisse zusätzliche Kundenzielgruppen zu erkennen, an die man bisher möglicherweise noch nicht gedacht hat – ganz im Sinne des *Neu-Denken*s.

Üblicherweise werden die Kundenzielgruppen in Business-to-Business (B2B) und Business-to-Consumer (B2C) unterschieden. Die B2B-Vermarktung geht davon aus, dass es sich bei den Kunden meist um Organisationen handelt, in denen Mitarbeiter unterschiedliche Zuständigkeiten haben. Hier sind bei der Zielgruppenbestimmung Entscheider und Entscheidungsvorbereiter zu bedenken. Bei der B2C-Vermarktung werden die Kundenzielgruppen gewöhnlich über sozio-demografische Faktoren wie Alter, Einkommen und Ausbildung und auch über weitere Faktoren wie Einstellungen zu politischen, wirtschaftlichen und gesellschaftlichen Themen, Interessen oder auch beispielsweise über das Wohnumfeld beschrieben. Darüber hinaus werden weitere Zielgruppen betrachtet, die zwar keine Kunden sind, jedoch einen gewissen Einfluss auf das Vorhaben nehmen können wie z.B. Geldgeber, Kollegen, Familie, Meinungsbildner etc.

Abschließend werden die ausgewählten Zielgruppen priorisiert, um im weiteren Verlauf der Konzeption die Aktivitäten und die damit verbundenen Ressourcen zielgerichtet einsetzen zu können.

Nach der Zielgruppen-Analyse folgt die Betrachtung der Konkurrenz. Dabei ist es sinnvoll, zumindest den wichtigsten Konkurrenten konkret zu bestimmen und zu analysieren: Was macht er gut, was macht er schlecht, was kann daraus gelernt werden? Auch diese Analyse stellt Anforderungen an den Strategen: Sie fordert eine objektive Sichtweise auf den Konkurrenten und das Marktgeschehen aus der Perspektive des Kunden. Denn meist ist die Differenzierung gegenüber der Konkurrenz eines der maßgeblichen Themen.

Auseinandersetzungen im Didaktischen Prozess • Hin und wieder ist zu beobachten, dass die Differenzierung gegenüber der Konkurrenz mit einer gewissen Nachlässigkeit behandelt wird.

Überlagert beispielsweise die subjektive Sicht die notwendige Kundensicht, so besteht die Gefahr, dass die gewählten Differenzierungsmerkmale für den Kunden nicht von ausreichender Bedeutung sind. Als Folge kann dem Kunden die notwendige Orientierung fehlen oder er sich nicht angesprochen fühlen.

Eine weitere Beobachtung kommt hinzu. Manchmal stellen wir fest, dass die gedankliche Auseinandersetzung mit der Konkurrenz manchem – meist unerfahrenen – Strategen gewisse „Qualen" bereitet. Dahinter steht oft die Sorge, dass jemand anderes die eigene, „geniale" unternehmerische Idee schon genauso oder ähnlich umgesetzt haben könnte. Aus dieser Sorge heraus erfolgt dann meist eine extreme Zuspitzung des eigenen Angebots oder eine enge Definition des geografischen Wirkungsraums. So kann erleichtert festgestellt werden, dass man sich in einem „konkurrenzfreien Raum" bewegt.

Diesbezügliche Interviews mit den Strategen haben aufgezeigt, dass unterschiedliche Gründe dieses Verhalten beeinflussen.

Oft ist es die Suche nach der Marktlücke, nach der Einzigartigkeit, nach einem Produkt, das noch keiner anbietet. Verstärkt wird diese Suche durch einen schnell daher gesagten Einwurf des Umfeldes: „Das gibt´s ja schon!". Weiterhin wird z.B. der Gedanke gescheut, Konkurrenz gegebenenfalls verdrängen zu müssen, um Marktanteile zu gewinnen. Das ist verständlich, leider ist der Markt oft bereits in irgendeiner Form besetzt.

Ungeschickterweise steht sich ein Stratege mit dieser Denkweise selbst im Weg. Denn das Vorhandensein von Konkurrenz ist für sich genommen keine schlechte Information – es zeigt, dass es wohl einen Markt gibt. Aus dem Vorhandensein von Konkurrenten ergeben sich neue Fragen: Was kann besser gemacht werden, wie kann man sich absetzen und vor allem, ist der Markt groß genug für einen weiteren Anbieter?

Ein mögliches Fehlen von Konkurrenz ist nicht unbedingt eine gute Nachricht. In einem solchen Fall ist eine Orientierung im Markt schwieriger, ein Lernen von der direkten Konkurrenz ist nicht möglich. Der Markt muss erst geschaffen werden: Der Kunde muss Kenntnis über das Angebot erlangen und im Falle einer Innovation kann es sogar sein, dass der Kunde den Umgang mit dem Angebot erst erlernen muss. Bei fehlender Konkurrenz verbinden sich demnach die Chancen und die Risiken des Pioniers.

Der Abschnitt der Analysen und Prognosen wird mit einem praktischen Positionierungsmodell abgeschlossen. So lassen sich die Konkurrenten sowie das eigene Vorhaben auf dem Markt visualisieren. Innerhalb des Modells kann zusätzlich eine Entwicklungsrichtung des Vorhabens aufgezeigt werden.

Auseinandersetzungen im Didaktischen Prozess • Eine weitere Herausforderung an den Strategen bezieht sich auf seine Disziplin, die Analyse erst vollständig abzuschließen. Zu beobachten ist aber, dass diese Disziplin oftmals nicht gegeben ist und Änderungen an der unternehmerischen Idee vorgenommen werden, bevor die Analyse fertig gedacht wurde. Damit verliert der Stratege seine objektive Perspektive und verlässt den neutralen Standpunkt. Es besteht die Gefahr, dass Wichtiges übersehen wird.

Einher geht damit das Problem, bereits Analysiertes nicht nochmals unter diesem neuen Gesichtspunkt zu betrachten, sondern unbedacht stehen zu lassen. Darauf angesprochen werden im Moment der Erkenntnis oftmals folgende Gründe genannt: einfach nicht bedacht, keine Zeit und große Hast oder beides zusammen. Es kann weiterhin auch dazu führen, dass der Stratege sich keine fundierte Antwort darauf geben kann, ob die ursprüngliche Idee Chancen gehabt hätte oder nicht.

Strategisch klug wie auch effizient ist es, die Analyse fertig zu stellen und Ideen zu sammeln, die in diesem Prozess entstehen. Ist die Analyse abgeschlossen, werden diese Ideen in der anschließenden Reflexionsphase der Zielplanung eingebracht.

Reflexion Zielplanung

Die Erkenntnisse aus den Analysen und Prognosen werden nun dafür genutzt, die eigene Zielplanung kritisch zu hinterfragen. Dies verlangt vom Strategen eine marktorientierte Perspektive einzunehmen.

Konkret stellen sich die folgenden Fragen: Können die eigenen Vorstellungen eingehalten oder müssen sie modifiziert werden? Falls die Zielplanung verändert wird, müssen die Analysen nochmals in Teilen oder insgesamt wiederholt werden? Ist gegebenenfalls bereits in dieser Phase festzustellen, dass ein STOP angebracht ist?

Auseinandersetzungen im Didaktischen Prozess • Die eigenen Vorstellungen, von denen der Stratege bisher überzeugt ist, werden nun auf den Prüfstand gestellt. Sie können Bestätigung erhalten oder teilweise oder gänzlich Widerspruch erfahren. Es ist zu beobachten, dass dieser Prozess den Strategen immer wieder fordert. Er muss die grundsätzliche Bereitschaft mitbringen bei dieser Reflexion und zu diesem Zeitpunkt die Erkenntnis zu akzeptieren, dass die Chancen der eigenen, bisher „guten“ Idee die Risiken des Vorhabens möglicherweise nicht aufwiegen. Es könnte somit sein, dass er sich in dieser Phase aus persönlichen oder unternehmerischen Gründen gegen das Vorhaben entscheidet.

Diese Phase wird auch stark von den eigenen Fähigkeiten beeinflusst. Strategisch dient die Reflexion dazu, das Vorhaben einzuschätzen. Gleichzeitig fordert sie aber den Strategen in seiner Selbsteinschätzung. Die Beobachtungen zeigen wiederkehrende Verhaltensmuster. Zur Orientierung sind diese Muster – der Anschaulichkeit halber bewusst überzeichnet – vier Typengruppen zugeordnet:

„Der reflektierte Stratege“ nimmt die Erkenntnisse aus der Analyse für seine unternehmerische Idee auf. Er denkt über seine Zielplanung und gegebenenfalls auch über eine Modifizierung seiner Idee nach. Er verdrängt nicht die Erkenntnisse der Analyse, sondern versucht Ansätze und Lücken im Markt zu finden. Falls sich keine Lösungen für erkannte Probleme abzeichnen, entscheidet er sich auch gegen die Weiterverfolgung des Vorhabens.

„Der ängstliche Stratege“ ist fast erleichtert über die Erkenntnis, dass die Analyse tatsächlich Risiken aufzeigt. Nun kann er guten Gewissens ein STOP vertreten, ohne sich mit Problemlösungen auseinandersetzen zu müssen. Gründe dafür gibt es einige – die Spannbreite geht von der „Entdeckung“ von Konkurrenten bis hin zur „Angst vor der eigenen Courage“.

„Der sich einschränkende Stratege“ läuft in Gefahr, auf Grund seiner eigenen Umstände das Potenzial der unternehmerischen Idee nicht ausschöpfen zu können. Beispielsweise erkennt er das Potenzial nicht oder er erkennt es zwar, aber traut es sich nicht zu, die Idee konzeptionell fertigzudenken. Dies sind limitierende Faktoren, die zur Folge haben, dass ein Vorhaben „klein gerechnet“ oder es vorschnell „beerdigt“ wird. In diesem Zusammenhang haben wir beobachtet:

> **„Wer groß denkt, schafft es auch, kleiner zu denken.**
> **Wer klein denkt, kann selten größer denken."**
>
> aus: Perspektiven, CONCEPTEMverlag©

Dabei geht es nicht um aktionistischen Gigantismus, sondern um die angemessene Einschätzung von Potenzialen und damit verbundenen Ressourcenbedarf, um die Gefahr einer unreflektierten Unterfinanzierung zu vermeiden. Darüber muss sich der Stratege Klarheit verschaffen und zielt somit auf eine fundierte Entscheidung.

Aus dem Bereich der Kunst, passend zur Kunst des *Neu Denkens*, ein Zitat, welches die Gefahr der Einschränkung treffend beschreibt: „Der Mangel an Geld hat diejenigen, die an ihm leiden, die Flügel beschnitten, so dass sie am Boden bleiben, selbst dann, wenn sie hoch hinaus wollen" (Wendt 2017: 76).

„Der voreilige Stratege" ist meist von sich und seinem Vorhaben überzeugt. Operativ geprägt, muss er Erkenntnisse aus der Analyse eigentlich erst gar nicht abwarten oder diskutieren. Für ihn ist alles problemlos, ein STOP ist für ihn keine Option – Probleme werden einfach gelöst, wenn sie aufkommen.

Die einfache Typisierung weist auf eine methodische Filterfunktion hin, die sich auf das Vorhaben, aber vor allem auf die Person des Strategen bezieht. Sind Ängstlichkeit oder Voreiligkeit nur ansatzweise vorhanden, lässt sich dies systematisch thematisieren und lösen. In dieser Phase wird Ängstlichkeit als Schutzfunktion bewusst genutzt. Dazu gehört auch die Situation, wenn „Bauchgefühl" bzw. Intuition signalisieren, Vorsicht walten zu lassen. Denn werden Entscheidungen von Ängstlichkeit beeinflusst, stellt die Reflexion eine sinnvolle Barriere für diesen Strategen dar. Ist jedoch die Voreiligkeit stark ausgeprägt, ist diese Person für eine reflektierte, strategische Arbeit oft nicht aufgeschlossen. Somit geht die Möglichkeit bekannte unternehmerische Fehler im Vorfeld zu vermeiden meist verloren. „Ich lerne aus Fehlern in der Umsetzung" ist dann eine gern gebrauchte Aussage, die dies recht gut wiedergibt.

Strategieentwicklung Funktionsbereiche

In der Reflexionsphase wurden das Angebot und der Marktpreis überdacht und die Zielplanung vorerst bestätigt. Die Entscheidung ist getroffen das Vorhaben weiter zu entwickeln. Welche Fragen interessieren den Strategen nun besonders? Wie kann das formulierte Angebot zum angedachten Preis auf den Markt gebracht werden und sich erfolgreich durchsetzen? Welche Organisationsstruktur wird für eine erfolgreiche Marktbearbeitung benötigt?

Aus einer „Strategischen Perspektive" heraus wählt der Stratege die für seine geplante Vorgehensweise wirksamen „Einheiten" aus, die Kontaktpunkte zum Kunden herstellen:

- Vertrieb,
- Kommunikation

und weiterhin, soweit für die Kunden von Bedeutung,

- Standort,
- Vertriebslogistik.

Für die relevanten Bereiche werden entsprechende Maßnahmen ausgewählt, die in ihren Wirksamkeiten an der Zielsetzung ausgerichtet sind. Außerdem denkt der Stratege nun erstmals darüber nach, welche finanziellen Ressourcen für diese Aktivitäten zur Verfügung gestellt werden sollen, um das Vorhaben so auszustatten, dass es den Anforderungen gerecht werden kann.

Auseinandersetzungen im Didaktischen Prozess • Speziell für die Vermarktung ist zu beobachten, dass es Strategen oft schwerfällt finanzielle Mittel bereitzustellen. Bevorzugt werden stattdessen Ressourcen für Maschinen und Geräte vorgesehen. „Da habe ich etwas Beständiges in der Hand!", so der unterschwellige Gedanke dazu.

Von dieser vereinfachten Denkhaltung muss sich der Stratege befreien, um zielgerichtet abwägen und einschätzen zu können. Strategisch sinnvoll ist es, den Engpass zu kennen und sich damit auseinanderzusetzen. Häufig ist der Kundengewinn der eigentliche Engpass, so dass der Vermarktung unbedingt der notwendige Stellenwert zugesprochen werden sollte.

Weiterhin setzt sich der Stratege mit der Organisationsstruktur der gesamten Unternehmung zum Startzeitpunkt auseinander. Dazu gehören im Wesentlichen folgende Funktionen, aus denen er die notwendigen auswählt und diese dann qualitativ (Wissen und Fähigkeiten) und quantitativ (Anzahl der Personen) beschreibt – ebenfalls an Markt und Zielen orientiert:

- Leitung (Führung und Steuerung)
- Produktentwicklung – das Produkt und dessen marktorientierte Entwicklung/Weiterentwicklung wird hier als der Dreh- und Angelpunkt der Unternehmung verstanden – ohne Angebot keine Unternehmung

- Human Resources
- Beschaffung (Produktion und Einkauf)
- Vermarktung (Kommunikation und Vertrieb)
- Logistik (Lager und Transport/ Server und Internetverbindung)
- Services (Recht, IT, Steuern, Buchhaltung, Controlling, und ggf. weitere Leistungen)

Der Stratege überlegt danach, wie sich die Organisation in der Planungsperiode weiter entwickeln sollte und ob Leistungen intern erbracht werden können oder extern zugekauft werden. Diese Betrachtungen können die unterschiedlichsten Funktionen im Unternehmen betreffen.

Auseinandersetzungen im Didaktischen Prozess • Unweigerlich wird der Stratege bei seiner Auseinandersetzung mit dem Vorhaben vor die „make-or-buy"-Entscheidung gestellt. Einige Aspekte dazu werden im Folgenden angerissen.

Mit Externen zu agieren kann wesentliche Vorteile bringen. Unter anderem geht es dabei um die Option, die Kosten möglichst variabel halten zu können. Außerdem können auch Anforderungen wie Schnelligkeit bei der Umsetzung, gute Verfügbarkeit, spezifische Qualifikationen oder auch das Auffangen von Arbeitsspitzen dafür sprechen. Mittlerweile hat die fast durchgängige Digitalisierung von Arbeitsplätzen Einfluss auf die Art und Weise der Zusammenarbeit und somit auch auf die Organisationsstruktur genommen. Es gibt sogar die Möglichkeit, eine Unternehmung ausschließlich mit Externen aufzubauen. Andererseits ist bei dieser Entscheidung zu beachten, dass eigene Mitarbeiter oftmals eine engere Bindung zur Unternehmung aufzeigen. Dies kann beispielsweise ein gewichtiges Argument sein, wenn es darum geht, das Know-how in der Unternehmung zu halten.

Zur „make-or-buy"-Entscheidung kann keine generelle Empfehlung abgegeben werden. Denn die Leistungs- und Kostenbetrachtung für das Vorhaben sind vom Strategen immer individuell und spezifisch vorzunehmen.

Die bisher vorliegenden Eckpunkte – Ziele, Angebot, Preis, Marktübersicht, Zielgruppen, Konkurrenz, Vermarktung, Organisation – der unternehmerischen Konzeption lassen nun eine erste Bewertung des bisher gestalteten Vorhabens zu.

Bewertung

Das unternehmerische Vorhaben ist mittlerweile soweit durchdacht, so dass eine erste Bewertung erfolgen kann. Sie erfolgt in mehreren Schritten und aus unterschiedlichen Blickwinkeln. Letztendlich ist eine „Ökonomische Perspektive" zur Einschätzung der Erfolgsfähigkeit des unternehmerischen Vorhabens gefordert.

„Hinter jeder Zahl steht ein konzeptioneller Gedanke"

aus: Perspektiven, CONCEPTEMverlag©

„Hinter jeder Zahl steht ein konzeptioneller Gedanke" ist der Leitsatz für diesen Abschnitt. Diese Perspektive hat ihren Ausgang in der qualitativen Betrachtung, aus der die quantitative abgeleitet wird. Beide zusammen bilden die Basis für die notwendige Diskussion, auch bezüglich Rentabilität, Liquidität und Plausibilität.

Auseinandersetzungen im Didaktischen Prozess ● Es ist regelmäßig zu beobachten, dass der Stratege sich die Frage stellt, ob das Vorhaben zuerst fertig durchdacht oder erst weitere Informationen eingeholt werden sollen. Die Praxis zeigt, dass es sinnvoller ist, das Vorhaben erst einmal in seiner Gänze zu durchdenken. Die Gründe dafür liegen:

- im Zeitrahmen insgesamt, um eine erste Entscheidung für oder gegen das Vorhaben treffen zu können,

- im meist ungeplanten Bedarf an finanziellen und zeitlichen Ressourcen zur Informationsbeschaffung,

- in Fragestellungen, die erst entstehen, wenn andere bzw. Gesamtzusammenhänge erkannt wurden,

- in Antworten, die von vorherigen Entscheidungen des Strategen abhängen.

Diese Aspekte führen zu einer gesteigerten Effizienz bei der konzeptionellen Arbeit. Die Herausforderung für den Strategen besteht nun darin mit Annahmen arbeiten zu müssen. Nach einer ersten positiven Bewertung des Vorhabens werden die Annahmen von ihm überprüft und gegebenenfalls neu justiert. Er entscheidet sich für diese Vorgehensweise, die von ihm Disziplin erfordert, weil er weiß, dass er erst die Gesamtzusammenhänge erfassen muss. Trotzdem ist er sich bewusst, dass er im nachfolgenden Prozess der Annahmenüberprüfung jederzeit auf ein „Killerkriterium" treffen könnte, welches das ganze Vorhaben in Frage stellt.

Welche Aspekte für ein erstes, vollständiges Durchdenken des Vorhabens sprechen, wird im Folgenden an einigen Facetten aufgezeigt. Diese beziehen sich hier beispielhaft auf die Auseinandersetzung mit dem Angebot.

Als Dreh- und Angelpunkt der künftigen Unternehmung kommt dem Angebot die größte Bedeutung zu. Bisher wurde es von dem Strategen aus subjektiver Sicht beschrieben, seine Eigenschaften festgelegt und in der Analyse nochmals reflektiert. Im weiteren Verlauf der Bewertung wird nun unterstellt, dass das Angebot zum Zeitpunkt des Markteintritts mit den beschriebenen kundenrelevanten Eigenschaften zum angedachten Verkaufspreis auch lieferbar sei – unabhängig davon, ob tatsächlich noch Entwicklungen, Machbarkeitsprüfungen, Kunden- oder Lieferantengespräche durchgeführt werden müssen oder nicht. Was spricht für diese Vorgehensweise?

1. Häufig nicht oder nicht ausreichend budgetiert
Notwendige Ressourcen für Entwicklungen, Prüfungen und Gespräche sind meist nicht budgetiert – weder zeitlich noch finanziell. Somit besteht die Gefahr in diesem Bereich Ressourcen einzusetzen, die nicht dafür gedacht sind.

2. Fragen, deren Antworten fehlen
Werden im Unternehmen Produktion, Einkauf, Forschung und Entwicklung oder auch Lieferanten angefragt, wird man zumeist mit folgenden Fragen konfrontiert: Mit welcher Anzahl sollen wir kalkulieren? Was darf es denn maximal kosten? Diese Fragen können jedoch erst dann beantwortet werden, wenn die ökonomische Bewertung des Vorhabens stattgefunden hat.

3. Vorzeitig unnötig Ressourcen verbraucht?
Stößt der Stratege im Laufe der konzeptionellen Entwicklung auf ein „Killerkriterium" oder fällt aus anderen Gründen die Entscheidung gegen die weitere Verfolgung des Vorhabens, wäre die Informationsbeschaffung nicht mehr nötig – er hätte aber bereits unnötig Ressourcen verbraucht.

<u>Schritt 1 der Bewertung: Auseinandersetzung mit Stärken und Schwächen, Chancen und Risiken</u>

Die Bewertung beginnt mit der Stärken-Schwächen-Chancen-Risiko-Analyse, bei der die bisherigen Überlegungen zum Vorhaben mit den Erkenntnissen der Marktbetrachtung zusammengeführt und bewertet werden. Dazu erfolgt der Rückgriff auf den Abschnitt „Analyse und Prognose". Die wichtigsten aktuellen und zukünftigen Einflussfaktoren auf den relevanten Markt und innerhalb des Marktes werden ausgewählt, nochmals reflektiert und festgehalten. Ebenfalls reflektiert werden die eigenen Stärken und Schwächen gemessen am wichtigsten Konkurrenten.

In der nachfolgenden Betrachtung stoßen die Einflussfaktoren des relevanten Marktes nun auf die strategischen Stärken und Schwächen des Vorhabens. Ergeben sich aus diesem Zusammentreffen Chancen oder Risiken für die Unternehmung? Wie entwickeln sich die Stärken und Schwächen? Werden sie relativiert, eliminiert, verstärkt oder gehalten?

Hinsichtlich der Chancen wird darauf abgezielt diese zu sichern und gegebenenfalls zu steigern. Es wird darüber nachgedacht, ob weitere Aktivitäten ausgewählt oder bisher angedachte Aktivitäten verändert werden müssen. Sinnvollerweise erfolgt dies vom Qualitativen zum Quantitativen.

Sind Risiken zu erkennen, müssen die bisherigen Überlegungen in Teilen oder gänzlich überdacht und diskutiert werden – wiederum erst qualitativ, dann quantitativ. Es geht darum herauszufinden, wie den Risiken begegnet werden kann. Falls dies nicht möglich ist, steht die Entscheidung an, ob das Vorhaben gestoppt werden muss.

Auseinandersetzungen im Didaktischen Prozess • Bei der Stärken-Schwächen-Chancen-Risiko-Analyse sind die Fähigkeiten des Strategen gefragt.

Die Feststellung der eigenen Stärken und Schwächen, gemessen an der Konkurrenz, verlangt vom Strategen die Fähigkeit zur objektiven Wahrnehmung. Denn fehlende Objektivität führt unter anderem dazu die Konkurrenz zu unterschätzen und erhöht damit das Risiko Wichtiges zu übersehen. Ein weiterer Schritt verlangt vom Strategen Abstraktionsvermögen. Die Analyse ist so durchzuführen, als sei das eigene Vorhaben bereits im Markt aktiv und somit externen Einflussfaktoren und den weiteren Marktteilnehmern ausgesetzt.

Der Stratege interpretiert aus der Analyse, welche künftigen Chancen und Risiken sich daraus ergeben – was wiederum Anforderungen an sein Vorstellungsvermögen stellt. Der Umgang mit den erkannten Chancen und Risiken fordert von ihm bei der Entwicklung möglicher Aktivitäten zusätzliche Kreativität.

In diesem Gesamtprozess kann es nötig werden, bisher mühsam errungene Erkenntnisse oder erarbeitete Teilkonzepte verwerfen zu müssen. Die Begeisterung für einzelne Konzepte oder die damit verbundene konzeptionelle Denkarbeit dürfen kein Hinderungsgrund sein. Jedoch ist immer wieder zu beobachten, dass diese Situation inneren Widerstand hervorruft. Um diesem Widerstand zu begegnen bedarf es Geduld, Disziplin, aber vor allem auch der

Selbsteinschätzung des Strategen zu erkennen, wann eine kreative Pause notwendig ist.

Schritt 2 der Bewertung: Auseinandersetzung mit Zielen und Terminen, mit Aktivitäten und Wirksamkeiten

Zu Beginn wird der in der Zielplanung angedachte Markteintrittstermin überdacht. Er wird bestätigt oder neu angesetzt. Entsprechend wird mit den Meilensteinen verfahren.

Für den Zeitpunkt des Markteintritts wird festgelegt, in welchem Ausmaß die Funktionen bis dahin handlungsfähig sein müssen. Zudem müssen die ausgewählten Maßnahmen und Aktionen einsatzfähig sein, um den Markteintritt wagen zu können. Orientiert an den Meilensteinen erfolgt die Auswahl der Aktivitäten, die zur Erreichung des jeweiligen Ziels am wirksamsten eingeschätzt werden. Erst in einem weiteren Schritt, von der Auswahl der Aktivitäten getrennt, werden diese mit Kosten beziffert.

Auseinandersetzungen im Didaktischen Prozess ● Diese Vorgehensweise hat verschiedene Auswirkungen. Zum einen entsteht als Ergebnis ein Zahlenstrang, der gegenüber der ursprünglichen Zielorientierung reflektiert ist. Dieser Strang ergibt sich aus der Perspektive „welche Aktivitäten sind notwendig, um das angedachte Ziel zu erreichen“. Er wird zur späteren Diskussion der Plausibilitäten mindestens einem weiteren zukunftsorientierten Zahlenstrang gegenübergestellt.

Des Weiteren wird der Stratege in seiner Entscheidungsfindung unterstützt. Die Entscheidungen, die durch ihn zu treffen sind, zielen darauf ab, die aus seiner derzeitigen Sicht wirksamste Vorgehensweise zu finden. Welche Herausforderungen beinhaltet diese Erkenntnis?

Die erste Herausforderung besteht darin, dass der Stratege akzeptieren muss, dass er seine Entscheidungen immer aus seiner derzeitigen, vorläufigen Sicht treffen muss, auch wenn er weiß oder ahnt, dass neue Informationen diese später in Frage stellen könnten. Möglicherweise führt aber auch die weitere Auseinandersetzung mit dem Vorhaben zu neuen Sichtweisen und stellt damit die bisherigen Entscheidungen in einen neuen Zusammenhang.

Die zweite Herausforderung besteht darin, dass der Stratege darüber nachdenken muss, welche Aktivitäten mit welchen Wirksamkeiten die Zielerreichung am wahrscheinlichsten machen. Erst in einem weiteren Schritt werden dann die

Ressourcen für die ausgewählten Aktivitäten bestimmt. Warum ist diese Abfolge sinnvoll?

1. Durch diese Vorgehensweise werden Zielerreichung und Marktanforderung in den Vordergrund und der Ressourcenbedarf zunächst in den Hintergrund gestellt. Die Zielsetzung wird als fix, der Ressourcenbedarf als flexibel angesehen. Die Erkenntnis daraus liegt in der bewussten Auseinandersetzung damit, was für die Zielerreichung notwendig ist. Erscheint das Risiko zu hoch, muss der Stratege über Veränderung nachdenken, die auch die Zielsetzung betreffen kann.

Zu beobachten ist jedoch, dass der Stratege dazu neigt instinktiv Aktivitäten zu reduzieren, ohne dabei seine Ziele mit einzubeziehen. Warum ist das so? Auf der einen Seite kann es mangelnde Disziplin bezüglich der schrittweisen Betrachtung oder Unwissen über die methodisch sinnvolle Vorgehensweise sein. Andererseits kann es auch an der Einschätzung liegen, dass die Aktivitäten „zu teuer" sind oder die vorhandenen Ressourcen nicht genügen. Falls der Stratege die Zielsetzung aber nicht mit einbezieht, kann er nicht erkennen, welche Ressourcen für die Zielerreichung notwendig gewesen wären. Somit legt er hier bereits den Grundstein für fehlende Liquidität in der Umsetzung. Davon abgesehen verfälscht er seine Entscheidungsgrundlage für die unternehmerische Entscheidung STOP | OR | GO.

2. Bei der Zuordnung von Wirksamkeiten zur jeweiligen Aktivität kann der Stratege möglicherweise auf eigenes oder externes Erfahrungswissen zurückgreifen. Inwieweit dieses auch auf das derzeitige unternehmerische Vorhaben anwendbar ist, sollte er dabei kritisch hinterfragen. Liegt kein verwendbares Erfahrungswissen vor, müssen Wirksamkeiten unterstellt werden. Häufig werden jedoch ohne das Infragestellen der Wirksamkeiten Entscheidungen getroffen, oft ohne größeres Nachdenken und Diskussion und meist ohne sich der Unsicherheit wirklich bewusst zu sein.

Interessant ist die Erkenntnis, dass Widerstand entsteht, sobald Fragen nach den Wirksamkeiten gestellt werden. Woher kommt das? Das Hinterfragen macht bewusst, dass über die Wirksamkeiten Unsicherheit besteht und trotzdem Entscheidungen getroffen werden müssen, die auf angenommenen Wirksamkeiten basieren.

Der Widerstand und die Auseinandersetzung mit Unsicherheiten sind jedoch methodisch gewollt. Denn was geschieht, wenn dem Strategen seine Unsicherheit nicht bewusst ist? Es fehlt ihm eine wesentliche Grundlage für seine Entscheidung für oder gegen das Vorhaben. Der Fortschritt für den Strategen liegt also darin, sich seiner Unsicherheit bewusst zu werden und damit umzugehen. Weiterhin würde ihm ohne das Einschätzen der Wirksamkeiten im Falle der Realisierung die Grundlage für die aktive Steuerung der Unternehmung fehlen.

Schritt 3 der Bewertung: Beschreiben eines »Idealen Weges«

Während der Erarbeitung der »Unternehmerischen Konzeption« ist noch nicht abschließend entschieden, welcher Weg als der erfolgversprechendste angesehen wird. Nach wie vor stehen alternative und optionale Überlegungen zur Zielerreichung im Raum.

Um einen eindeutigen Weg zu beschreiben wird aus den bisherigen Überlegungen zur Zielerreichung eine Auswahl vorgenommen und Bestandteile aus der Unternehmerischen Konzeption in das »Manuskript Geschäftsplan« übertragen. Dieser Vorgang unterstützt die Selektion von Alternativen (sofern vorhanden). Dabei wird eine Reflexion und letztendlich eine Verdichtung vorgenommen. So wird der »Ideale Weg« beschrieben, gleichzeitig werden anhand einer systematischen Vorgehensweise die bisher getroffenen Einzelentscheidungen auf ihre Plausibilität hinterfragt.

Auseinandersetzungen im Didaktischen Prozess • Wir sind ständig unter Zeitdruck und in Eile. Mit komplexeren Fragestellungen konfrontiert, sind wir in Versuchung, eher den leichteren Weg mit den geringsten kognitiven Anstrengungen zu wählen. Dies geschieht sogar unter dem Bewusstsein, dass es um eigene, persönliche Risiken geht.

Auch in unseren empirischen Beobachtungen wurde dieses Verhalten sichtbar, weshalb das Manuskript Geschäftsplan eingeführt wurde. Es ist als methodischer Zwischenschritt konzipiert und in der Struktur zwischen Konzeption und ökonomischer Bewertung angesiedelt. Es dient dazu, den Idealen Weg in Stichpunkten zu umreißen. Dabei wird handschriftlich gearbeitet, denn die beim Schreiben entstehenden Bilder helfen, Komplexität und Plausibilität besser zu erfassen. Der Vorgang ist systematisiert, um die unterschiedlichen Perspektiven aus der konzeptionellen Arbeit zu bündeln. Gleichzeitig muss der

Stratege zwei unterschiedliche Positionen bzw. Blickwinkel einnehmen: die des Unternehmers und die des Finanzgebers.

In der Unternehmerischen Konzeption beziehen sich die Fragestellungen auf die Bedürfnisse eines Unternehmers – es geht um seine Entscheidungswelt. Im Vordergrund stehen für ihn die Fragen wie die Chancen und Risiken im Markt einzuschätzen sind, ob, wie und bis wann sich das Angebot im Markt durchzusetzen könnte sowie welche Ressourcen dazu benötigt werden. Ergänzend wird eine zweite Entscheidungswelt hinzugefügt – die eines Finanzgebers, dessen Fragestellungen durch eine typische Businessplanstruktur widergespiegelt werden. Der Finanzier beschäftigt sich primär damit, inwieweit er dem Unternehmer zutraut das Angebot im Markt durchzusetzen. Dazu stellt er sich die Frage, ob die Chancen so einzuschätzen sind, dass Kapital zur Verfügung gestellt werden kann – oder sind ihm die Risiken zu hoch? Können Rendite und Zinszahlungen gefährdet sein, kann das eingesetzte Kapital einen Totalverlust erleiden?

Das Manuskript Geschäftsplan verbindet so beide Entscheidungswelten und zeigt letztendlich die Entscheidungen des Strategen auf, die aus seiner Sicht zielgerichtet zum angedachten Ergebnis führen. Dieser Ideale Weg ist qualitativ beschrieben, die Aktivitäten sind weitgehend festgelegt, sodass nun die ökonomische Bewertung vorgenommen werden kann – denn dafür ist Eindeutigkeit maßgeblich.

Schritt 4 der Bewertung: Codieren der ausgewählten Aktivitäten und deren Wirksamkeiten in Zahlen

Mit „Codieren" bezeichnen wir eine Transformation, die die Umwandlung der qualitativ beschriebenen Aktivitäten in Zahlen darstellt. Dies umfasst die Funktionen, Maßnahmen und – soweit schon angedacht – Aktionen, die im Idealen Weg beschrieben sind.

Auseinandersetzungen im Didaktischen Prozess • Die Tätigkeit wird von uns auch deshalb als „Codieren" bezeichnet, weil der Stratege „seine" Zahlen auch wieder decodieren, also entschlüsseln können muss. Somit kann er sich selbst oder seinem Team gegenüber Rechenschaft über die Zahlen geben, um zu entscheiden und zu steuern. Auch gegenüber Externen kann Auskunftsfähigkeit wichtig sein.

In der Kostenplanung werden die Aktivitäten festgelegt, die den als Orientierung gesetzten Umsatz erzielen sollen. Sie werden einzeln „bepreist", also mit Kosten hinterlegt.

Auseinandersetzungen im Didaktischen Prozess ● „Das ist zu teuer", ein Gedanke, ein Ausruf, der in diesem Zusammenhang öfter zu hören ist. Die Gefahr: Aktivitäten zur Umsatzerzielung im angedachten zeitlichen Rahmen werden gestrichen, ohne dafür ersatzweise andere Aktivitäten mit vergleichbaren Wirksamkeiten auszuwählen.

Sind keine Kosten bekannt, sind Budgets für die einzelnen Aktivitäten einzustellen. Das jeweils eingeschätzte Budget soll dem Preis und der Leistungsfähigkeit der Aktivität angemessen sein – immer mit dem Bewusstsein, dass dieser Wert zu einem späteren Zeitpunkt zu hinterfragen ist.

Auseinandersetzungen im Didaktischen Prozess ● Der Budgetierungsansatz wird oftmals als ungewohnt eingestuft. Er hat jedoch einen wesentlichen Vorteil: Das unternehmerische Vorhaben kann weiter bzw. fertig gedacht werden, um einen Gesamtüberblick zu bekommen. Dies entspricht dem Effizienzgedanken, denn unterschiedliche Aspekte wirken auf das Vorhaben ein, und erst der Blick aufs Ganze ermöglicht eine strategische Bewertung.

Es folgt die Umsatzplanung. Sie basiert auf der Zuordnung von Ursache und Wirkung. Es wird darüber nachgedacht, in welchem Monat die ausgewählten Aktivitäten eingesetzt werden, wie sie wirken und wann sie wirken, um kaufende Kunden und Umsatz zu generieren.

Auseinandersetzungen im Didaktischen Prozess ● Sind Wirksamkeiten einschätzbar? Teilweise lässt sich Erfahrungswissen nutzen, aber letztendlich wissen wir nicht, ob diese oder jene Aktivität genau so arbeiten wird wie angedacht. Aber die bewusste Zuschreibung ihrer Wirksamkeit ermöglicht erst die notwendige strategische Diskussion und ist gleichzeitig die Basis für die Steuerung einer Unternehmung mit der Erkenntnis, dass die eine oder andere Aktivität gleich, besser oder schlechter arbeitet als angenommen.

Bei der Beurteilung der Wirksamkeiten einzelner Aktivitäten ist zu berücksichtigen, dass meist eine Vielzahl von potenziellen Kunden mehrfach angesprochen werden muss, um kaufende Kunden zu gewinnen. Zudem wird neben der Kundengewinnung und -bindung berücksichtigt, dass Kunden auch wieder wegbleiben können.

Auseinandersetzungen im Didaktischen Prozess • Durch diese Überlegungen und Zuordnungen entsteht ein weiterer, eigenständiger zukunftsorientierter Zahlenstrang. Er ergibt sich aus der Perspektive „Ursache und Wirkung", also Aktivitäten und deren Wirksamkeiten. Er ist in seiner Entstehung nicht vergleichbar mit dem aus der Zielorientierung entstandenen Zahlenstrang. Die in der Kostenplanung festgelegten Aktivitäten sind jedoch beiden Zahlensträngen gemeinsam.

In einem weiteren Schritt wird den generierten Kunden eine Verkaufsmenge zum festgelegten Verkaufspreis zugeschrieben. Es entsteht ein monatsbasierter Umsatzverlauf.

Auseinandersetzungen im Didaktischen Prozess • Der durch die Umsatzplanung neu entstandene Zahlenstrang wird nun dem ersten, aus der Perspektive der Zielorientierung stammenden Zahlenstrang gegenübergestellt. Für den Strategen ist der Abgleich der Zahlenstränge „Zielorientierung" und „Ursache/Wirkung" von Bedeutung, da er ihm für die Betrachtung des Vorhabens weitere Orientierung gibt. Dies hilft dabei, über Plausibilitäten nachzudenken. Gleichzeitig bleibt ihm die Zukunft und deren Nichtvorhersehbarkeit natürlich bewusst.

Lässt der Prozess der Dynamischen Umsatzplanung erkennen, dass Aktivitäten über- oder unterdimensioniert sind, erfolgt eine Überarbeitung im qualitativen Teil der Konzeption sowie eine entsprechende nachfolgende Korrektur in der Umsatzplanung. Danach wird die Kostenplanung angepasst.

Auseinandersetzungen im Didaktischen Prozess • In dieser Phase stellt sich die Aufgabe, einen ersten Gesamtüberblick über das Vorhaben zu bekommen. Dabei besteht für den Strategen die Gefahr, sich im Detail zu verlieren. Das meint nicht, dass der Stratege keine Details kennen sollte. Er muss entscheiden, welche Punkte tiefergehend betrachtet werden müssen oder wo vorerst ein Gesamtüberblick genügt, um eine erste unternehmerische Entscheidung für oder gegen das Vorhaben treffen zu können. In diesem Spannungsfeld ringt der grundsätzliche Effizienzgedanke mit der Angst, etwas zu übersehen.

Von dem Strategen wird gefordert, dass er die Interaktion zwischen Umsatzplanung und Kostenplanung versteht. Die Verbindung entsteht über die Wirksamkeit der Aktivitäten. Somit kann der Stratege den Bezug zwischen Aktivitäten, Kunden und Absatz herstellen, um Antworten auf die Frage zu geben, woher der Umsatz kommt. Mit der Planung der Kosten für sämtliche Aktivitäten kann er eine weitere Frage beantworten: „Was kostet der Umsatz?".

Im Rahmen der Investitionsplanung erfolgen auch erste Überlegungen dazu, in welcher Verteilung das notwendige Kapital durch Eigen- oder Fremdkapital abgedeckt werden soll. Weitere Betrachtungen schließen sich an: dazu gehören ausgewählte Kennzahlen sowie die Gegenüberstellung von Zahlen und Zahlensträngen, um Plausibilitäten beurteilen zu können. Die einzelnen Zahlenwerke zeigen dem Strategen das Ergebnis seiner bisher getroffenen Entscheidungen aus unterschiedlichen Blickwinkeln.

Auseinandersetzungen im Didaktischen Prozess • Der Vorgang des „Codierens" wird regelmäßig zur Herausforderung für den Strategen, obwohl es sich eigentlich nur um das Ausdrücken festgelegter Aktivitäten in Zahlen handelt. Wir beobachten immer wieder, dass dabei Unsicherheiten auftreten und Ängste mitschwingen, die inneren Widerstand hervorrufen. Dieser äußert sich in unterschiedlichen Reaktionen der Strategen: von „Liegen lassen" oder „Verschieben" über „Ich schreibe halt mal was hin" bis zum „Infrage stellen der Notwendigkeit".

Der Widerstand scheint darauf zu basieren, dass der Stratege zu diesem Zeitpunkt gezwungen ist zu konkretisieren und zu quantifizieren – was zu Entscheidungen zwingt. Interessanterweise tritt dieser Widerstand seltener beim Planen der Kosten auf als beim Planen der Umsätze – obwohl die Aktivitäten sich immer auf beide Seiten auswirken.

Wir führen dies darauf zurück, dass die gefühlte Unsicherheit bei der Bestimmung der Kosten geringer ist als bei der Formulierung der erwarteten Umsätze. Warum ist das so? Es liegt vermutlich daran, dass die Zuordnung der Kosten zu den ausgewählten Aktivitäten als einfacher Vorgang empfunden wird. Diesbezügliche Recherchemöglichkeiten unterstützen diesen Eindruck der Einfachheit.

Im Gegensatz dazu wird dem Strategen bei der Umsatzformulierung bewusst, dass es sich um einen mehrdimensionalen Vorgang handelt, bei dem verschiedene Parameter betrachtet werden müssen. Es handelt sich um das Zusammenspiel von Aktivitäten, Wirksamkeiten, Kunden und Absatz. Dieser Vorgang ist ein gewichtiger Schritt für die Erfolgseinschätzung des Vorhabens. Hier liegt die eigentliche Herausforderung der Planung.

Erschwerend kommt hinzu, dass der Umsatz kaum mit ausreichender Sicherheit durch Prognosemodelle vorhergesagt werden kann. Doch ohne Umsatzbetrachtung fehlt ein wesentlicher Bestandteil der Entscheidungsgrundlage. In diesem Prozess der Auseinandersetzung wird daher auch oft Unsicherheit als

Argument angeführt. Dies äußert sich unter anderem in Formulierungen wie „Woher soll man das wissen?“. Dieses Gefühl der Unsicherheit führt teilweise auch zu Resignation oder Formen des Widerstands. Verharrt der Stratege in diesem Gefühl, verliert er den Zugang zur notwendigen strategischen Position und Sichtweise.

Jeder Stratege muss diesen, meist als „schmerzhaft“ empfundenen, Vorgang durchlaufen und die Unsicherheit überwinden. Er muss sich eingestehen, dass es Bestandteile der Konzeption gibt, die er nicht mit Sicherheit weiß, um überhaupt zu einer Entscheidung zu kommen. Er muss also die Unsicherheit akzeptieren und bewusst als solche in seine Entscheidung mit einbeziehen.

Die Codierung ist nun abgeschlossen. Die Investitionsplanung, Rentabilitätsvorschau und Liquiditätsplanung beschreiben den Idealen Weg in Zahlen. Die Zahlungsfähigkeit des unternehmerischen Vorhabens rückt als nächstes in den Fokus, da von geringer Liquidität eine erhebliche Gefahr für eine Unternehmung ausgeht.

Schritt 5 der Bewertung: Auseinandersetzung mit der Liquidität

Die Unterkapitalisierung unternehmerischer Vorhaben ist eine oft übersehene Problematik. Darauf verweisen auch Untersuchungen wie z.B. die Statistik von Euler Hermes. Laut dieser scheitern ca. 76% der Unternehmen, die Insolvenz anmelden, an Finanzierungslücken (Euler Hermes Kreditversicherungs-AG 2006). Schon deshalb muss dem Strategen die Problematik fehlender Liquidität durchgängig präsent sein.

Auseinandersetzungen im Didaktischen Prozess ● In diesem Zusammenhang stellt sich die Frage, inwieweit der Gefahr von fehlender und zu geringer Liquidität schon bei der Konzeption eines neuen unternehmerischen Vorhabens begegnet werden kann. Wie immer wieder zu beobachten ist, werden bei einer Planung ersichtliche Liquiditätsengpässe oftmals voreilig durch eine unreflektierte Veränderung der Zahlen auf der Umsatz- oder Kostenseite „behoben“ und damit kaschiert.

Diese Erkenntnis sowie die intensive Arbeit mit Strategen und die Diskussion im Umgang mit Liquidität bei der Planung haben zu folgenden Überlegungen geführt.

- Der Gedanke „Liquiditätssicherung vor Rentabilitätssteigerung“ ist für den Strategen in Zeiten von Unsicherheiten dominierend – das gilt vor allem für Aufbau- und Sicherungsphasen neuer Unternehmungen – und bezieht sich auf die Zahlungsfähigkeit, die durchgängig gegeben sein muss.

- Um dem Fehler entgegen zu wirken die Liquiditätsplanung „passend zu rechnen“, muss der Stratege bis zum Ende der ökonomischen Bewertung diszipliniert an seinen bisherigen konzeptionellen Überlegungen festhalten.
- Die Liquidität wird in mehreren Phasen und aus unterschiedlichen Perspektiven beurteilt. Diese Vorgehensweise unterstützt den Strategen dabei den Liquiditätsbedarf des Vorhabens transparent zu machen und besser einzuschätzen. Grundlage dafür ist die vorliegende monatsphasierte Liquiditätsplanung, die aus der Ursachen- und Wirkungsbetrachtung der Aktivitäten/Wirksamkeiten auf Kunden/Absatz resultiert.

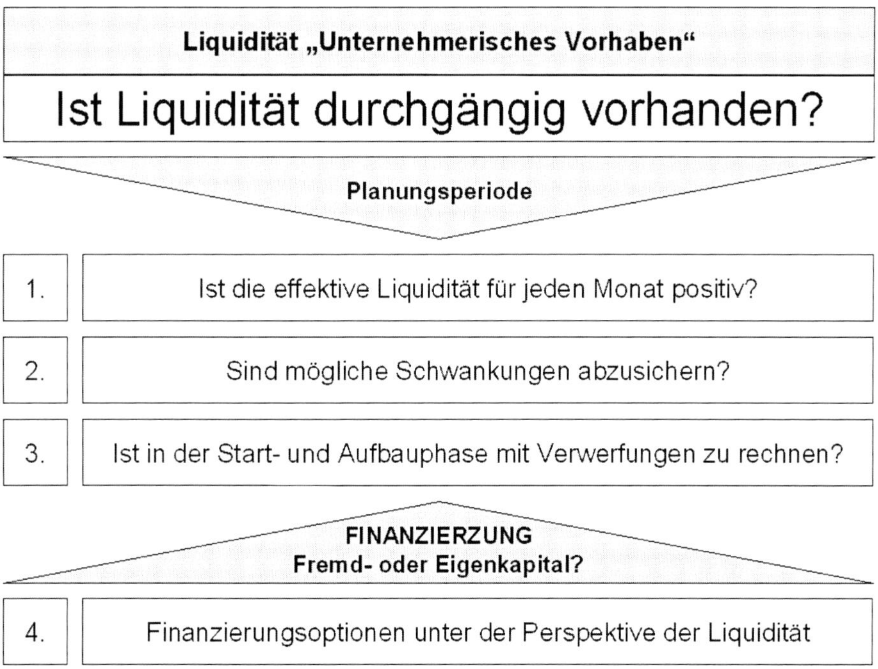

Abbildung 27: Auseinandersetzung mit Liquidität in vier Schritten

Die im Folgenden beschriebene Vorgehensweise in vier Schritten bezieht sich auf die „Effektive Liquidität". Sie signalisiert den „Pegelstand" der Liquidität mit ihren möglichen Zuflüssen wie Umsatz netto, Mehrwertsteuer, Eigenkapital und Fremdkapital sowie den Abflüssen Kosten netto, Vorsteuer und je nach Unternehmensform auch der Privatentnahmen. Sie wird deshalb betrachtet, da sie dem Strategen das jeweilige Ergebnis seiner Annahmen bezüglich des Liquiditätszugangs und -abgangs aufzeigt.

Erste Betrachtung: Ist die effektive Liquidität für jeden Monat positiv?

Die erste Grundsatzfrage ist, ob die effektive Liquidität über den gesamten Planungszeitraum durchgängig positiv ist. Weist die effektive Liquidität negative Werte auf, wird dem Vorhaben gerade so viel Kapital hinzugeführt, bis die monatlichen Werte über den gesamten Planungszeitraum positiv sind bzw. mindestens Null ausweisen. Warum?

Der durch die Kapitalzuführung erreichte Zustand einer knappen, aber positiven Liquidität vermittelt dem Strategen eine erste Vorstellung davon, wie viel Kapital das Vorhaben auf Basis der vorliegenden Überlegungen mindestens benötigen könnte, um im Markt zu bestehen – und dazu gehört eben zwingend der durchgängige Zustand der Zahlungsfähigkeit.

Ist die effektive Liquidität durchgängig positiv, muss er sich eine weitere Frage stellen: „Sind mögliche Schwankungen abzusichern?"

Zweite Betrachtung: Sind mögliche Schwankungen abzusichern?

Der Stratege betrachtet die ausgewiesene effektive Liquidität in jedem Monat des Planungszeitraums.

Erkennt er, dass die Liquiditätsdecke in einzelnen Phasen so dünn ist, dass die Zahlungsfähigkeit schon durch eine mögliche Verlagerung des angedachten Umsatzes in geringen Anteilen – wie „Kunde kommt etwas später" oder „Kunde zahlt etwas später" – gefährdet sein könnte, sollte er weiteres Kapital zur Sicherung der Liquidität hinzuführen.

Ist Liquidität soweit vorhanden, dass kleinere Abweichungen aufgefangen werden können, folgt die nächste Betrachtung.

Dritte Betrachtung: Ist in der Start- und Aufbauphase mit Verwerfungen zu rechnen?

Nach den vorherigen Überlegungen ist die effektive Liquidität durchgängig gegeben und auch kleinere Abweichungen können aufgefangen werden.

Aber – der erfahrene Stratege ist sich bewusst: In der Start- und Aufbauphase kommen Umsatz und Kosten aus unterschiedlichen Gründen meist unter Druck.

Dieser Problematik soll bereits in der Planung durch eine fundierte Diskussion bezüglich der Reserven in Form finanzieller Mittel begegnet werden. Hierfür nutzen wir die sogenannte „Plan-B-Formel":

Die Kosten kommen meist wie geplant.
Die Umsätze kommen oft erst viel später und dann nur zur Hälfte.

aus: Perspektiven, CONCEPTEMverlag©

Diese auf Beobachtungen in der unternehmerischen Praxis basierende Formel unterstellt das Szenario, dass sich der Umsatz und die variablen Kosten um eine Periode verschieben, die Fixkosten inklusive der Investitionen in den Markt dagegen vorgenommen werden, um eben den angedachten Umsatz zu erzielen. Als Periode ist ein halbes Jahr definiert. Vor allem in der Start- und Aufbauphase neuer Unternehmungen trifft diese Formel oftmals zu. Folgt man diesem Praxisansatz, stellt sich die Frage nach zusätzlichem Kapital, um mögliche Verwerfungen auffangen zu können.

Aufgrund der gewonnenen Erkenntnisse aus diesem Szenario muss der Stratege nun entscheiden, ob er die Anlaufzeit mit zusätzlichem Kapital für Liquidität sichern sollte. Hat er abschließend diese Entscheidung getroffen, ist ihm der mögliche Kapitalbedarf des Vorhabens bewusst – der Stratege hat sich einen notwendigen Überblick erarbeitet. In diesem Zusammenhang muss er abwägen, inwieweit für ihn Marktpotenzial und Kapitaleinsatz im Verhältnis stehen. Schätzt er die Chancen weiterhin positiv ein, schließt sich die Frage der Finanzierung an.

Vierte Betrachtung: Finanzierungsoptionen unter der Perspektive der Liquidität

Im Weiteren stellt sich die Frage nach der Finanzierung des Vorhabens durch Fremdkapital oder Eigenkapital. Im Weiteren stellt sich die Frage nach der Finanzierung des Vorhabens durch Fremdkapital oder Eigenkapital.

Nach unseren Beobachtungen ist eine typische, gerne getroffene Aussage: „Wir nehmen keinen Kredit auf, wir finanzieren alles aus eigener Tasche!“

Ist das strategisch gesehen der richtige Ansatz oder ist er einfach nur subjektiv-emotional geprägt und macht damit den Strategen blind für das Wesentliche? Eigenkapital oder Fremdkapital – das ist eine zentrale Frage in der Finanzierungsdiskussion. Folgendes Beispiel verdeutlicht einige Überlegungen dazu:

Die Situation: Das Geschäft wurde bisher mit eigenem Kapital aufgebaut. Die Unternehmung entwickelt sich langsam, aber positiv. Jedoch bleibt der Umsatz hinter den Erwartungen zurück und die Rendite ist noch nicht auskömmlich. Das Eigenkapital ist mittlerweile weitgehend aufgebraucht. Zur weiteren Entwicklung wird deshalb Fremdkapital benötigt – eine Situation, die nicht selten vorkommt. Gleichzeitig stehen Geldgeber einer Nachforderung an Kapital im laufenden Geschäft meist verhalten gegenüber. Verzögert sich dadurch die notwendige Kapitalzufuhr, kann sich die derzeit schon nicht optimale Verhandlungsposition weiter verschlechtern.

In diesem Zusammenhang besteht die Gefahr, dass der Unternehmung Liquiditätsengpässe drohen. Der Stratege versucht mit allen Mitteln Liquidität hinzuzuführen. In einem solchen Moment relativiert sich auch die vorangegangene Diskussion bezüglich eingesparter Zinsen (ein Grund, der im Vorfeld gerne gegen den Einsatz von Fremdkapital angeführt wurde). Die Kosten für liquide Mittel können in dieser Situation höher sein als befürchtet – und somit der Anfang einer Spirale sein, die eine Unternehmung in die Liquidation führt.

Die nötige Überlegung lautet also: Ist es sinnvoll, zuerst das gesamte Eigenkapital einzusetzen oder ist es besser, es zur Absicherung der eigenen Reserven ganz oder teilweise zurückzuhalten und dafür Fremdkapital aufzunehmen? Inwieweit höhere Zinsausgaben die Rentabilität der künftigen Unternehmung mehr belasten als die Sicherung der Liquidität durch zusätzliche finanzielle Mittel, ist strategisch abzuwägen.

Die vier beschriebenen, schrittweise aufeinanderfolgenden Betrachtungen der Liquidität aus unterschiedlichen Perspektiven zielen auf Eindeutigkeit und Transparenz der Planung ab, um letztendlich eine bessere unternehmerische Entscheidung für oder gegen das Vorhaben vorzubereiten. Diese Vorgehensweise bedingt allerdings die Aufrechthaltung der Plausibilitäten, indem auf willkürlich gesetzte Puffer auf der Umsatz- oder Kostenseite sowie auf unreflektierte, isolierte Anpassungen des geplanten Umsatzes oder der Kosten verzichtet wird.

Nachdem die vier Betrachtungen erfolgt sind, ist der vorläufige Liquiditätsbedarf für das Vorhaben erkannt. Nun können konkret Fragen bezüglich einer möglichst liquiditätsschonenden Gestaltung einzelner Aktivitäten gestellt werden wie zum Beispiel:

- Kann fehlendes oder knappes Kapital durch andere Ressourcen ersetzt werden –
- möglicherweise im Rahmen von Partnering- oder Kooperations-Modellen?
- Kann durch Miete oder Leasing die Liquidität geschont werden?
- Kann durch Ausgestaltung von Krediten wie z.B. die Nutzung von Tilgungsfreiheit, das Einbeziehen von Lieferantenkrediten oder die Zusage von Kreditlinien (Kontokorrentkredit) weitere Liquidität gesichert werden?
- Können Liquiditätspotenziale durch Factoring ausgeschöpft werden?

Je nach Erkenntnis aus der bisherigen Liquiditätsbetrachtung steht nun möglicherweise auch die Entscheidung an, die Konzeption zu verändern. Folgendes ist abzuwägen:

- Sind Aktivitäten zeitlich verschiebbar?
- Können hochpreisige Aktivitäten durch „intelligentere", preiswertere Aktivitäten ersetzt werden – unter Berücksichtigung der Frage, ob sich die angenommenen Wirksamkeiten verändern?
- Sind die bisherigen Ziele zu halten oder sind sie neu zu setzen?

Wird die Liquidität des Vorhabens nun als auskömmlich eingeschätzt, kann im folgenden Schritt die abschließende Bewertung der Gesamtkonzeption vorgenommen werden.

Schritt 6 der Bewertung: Plausibilität

Für die sehr wichtige Auseinandersetzung mit Plausibilitäten werden die erarbeiteten Zahlenstränge, Auswertungen und Kennzahlen genutzt. Letztendlich sind dies die in Zahlen codierten konzeptionellen Überlegungen des Strategen.

Auseinandersetzungen im Didaktischen Prozess • Immer wieder wird an die Planung die Anforderung gestellt sie müsse aber realistisch sein. Setzt man sich mit dem Begriff „real" auseinander, wird schnell klar, dass sich dieser nur auf Erkenntnisse aus der Vergangenheit und Gegenwart beziehen kann – denn die Zukunft ist (noch) nicht real, sondern abstrakt. Diese Diskussion macht bewusst, dass die Planung niemals „realistisch" sein kann, aber „plausibel" sein muss. Die von dem Strategen eingeschätzte Plausibilität ist letztendlich ausschlaggebend für seine Entscheidung, wenn er sich für oder gegen eine Realisierung entscheidet.

Diskussion A: Zahlenstränge

Im Rahmen der Dynamischen Umsatzplanung wurden voneinander getrennte Zahlenstränge entwickelt, die nun gegenübergestellt, diskutiert und hinterfragt werden können. Der erste Zahlenstrang mit seinen drei Meilensteinen stellt die insoweit reflektierte unternehmerische Orientierung in die Zukunft dar und beschreibt die ausgewählten Aktivitäten, die zum Ziel führen sollen. Er trifft auf den zweiten Zahlenstrang, der den eingeschätzten monatlichen Umsatzverlauf aufzeigt und nun die Zahlenstränge „Kundenplanung" und „Absatzplanung" vereint. Er ist durch die Einschätzung entstanden, welche Wirksamkeiten die ausgewählten Aktivitäten in Form von Kundengewinnung/-bindung und Absatz haben werden.

Nach Abschluss dieser Betrachtung kann es für bestehende Unternehmen weiterhin interessant sein, in einem folgenden Schritt die Diskussion durch das Hinzunehmen relevanter Vergangenheitsdaten auszuweiten. In einem solchen Fall wird die Sicht auf die Zukunft mit Daten und Erfahrungen der Vergangenheit konfrontiert, mögliche Abweichungen hinterfragt und auf Plausibilität geprüft.

Die Zukunft
wird über Plausibilitäten beschrieben.

aus: Perspektiven, CONCEPTEMverlag©

Diskussion B: Auswertungen und Kennzahlen

Aus den unterschiedlichen Perspektiven heraus, die durch die Investitionsplanung, Rentabilitätsvorschau und Liquiditätsplanung ermöglicht werden, wird die Konzeption auf Plausibilität geprüft. In den Auswertungen werden auch Kennzahlen wie Break-even, Umsatzrendite, Deckungsbeitrag und Kapitalrückfluss generiert. Sie dienen dem weiteren Hinterfragen der Plausibilität. Sofern anwendbare externe Informationen wie Branchenkennziffern und Betriebsvergleichszahlen zur Verfügung stehen, können diese als zusätzliche Orientierung genutzt werden.

Abschließend werden wichtige Eckpunkte der Konzeption hinterfragt. Dies geschieht aus unterschiedlichen Perspektiven: Beispielsweise wird die Entwicklung des Umsatzes im Verhältnis zu den Kosten betrachtet oder die Organisation und deren Leistungsfähigkeit in Bezug zu den Anforderungen des Vorhabens gestellt.

Reflexion

Möglich Gründe, die den Blick des Strategen verschleiern könnten, sind zum Beispiel gruppendynamische Zwänge, hektisches Treiben oder andere emotionale Einflüsse. Deshalb ist es sinnvoll in einem bewussten Schritt die „Reflektierende Perspektive“ einzunehmen. Sie regt den Strategen dazu an, seine eigene unternehmerische Idee vor seiner endgültigen Entscheidung für oder gegen das Vorhaben nochmals zu hinterfragen. Auch die moderne Hirnforschung bestätigt, dass es sinnvoll ist, vor einer wichtigen Entscheidung „den Handlungsraum zu wechseln“, um Abstand zu gewinnen.

Um zwischen Fertigstellung der Konzeption und der endgültigen Entscheidung genügend Abstand herzustellen wurde der »Stresstest« entwickelt. Hierbei werden die geplanten Umsätze und Kosten der eigenen Planung als Zielsetzung in den Stresstest übertragen.

Anschließend werden die „Ersten 1.000 Tage“ des Vorhabens gedanklich durchgespielt. Dabei sind die in der Rentabilitätsvorschau formulierten Ziele zu erreichen, 63 unternehmerische Entscheidungen zu treffen und 70 bekannte unternehmerische Fehler zu bewältigen. Beim Stresstest steht aber nicht das Spielen im Vordergrund, sondern die nochmalige intensive Auseinandersetzung mit dem Vorhaben. Diese Form der Vermittlung wurde gewählt, um Barrieren zu begegnen und das Überdenken zu erleichtern. Sie verlangt vom Strategen ein hohes Maß an Selbstreflexion und Ehrlichkeit gegenüber sich selbst, sodass ihm bewusst wird, dass er vor allem gegen seinen mächtigsten Gegenspieler bestehen muss: sich selbst.

Der Stresstest erzielt eine weitere Wirkung: Es geht auch darum, sich als Stratege mit Unsicherheiten auseinandersetzen und sich diese bewusst zu machen, um aktiv mit ihnen umgehen zu können.

Auseinandersetzungen im Didaktischen Prozess • Obwohl unternehmerische Entscheidungen mit hohen Risiken und gravierenden Konsequenzen verbunden sein können, ist oft zu erkennen, dass eine Reflexion vor der Entscheidung STOP | OR | GO seitens der Strategen als Belastung empfunden wird. Will der Stratege in dieser Phase noch kritische Fragen oder andere Einwendungen hören? „Das passt schon" oder „wir schaffen das" sind typische Aussagen. In unseren Beobachtungen haben wir Situationen erlebt, die dazu führten, dass die notwendige Distanz verloren ging, weshalb hier methodisch entgegengewirkt werden muss. Einige davon sind im Folgenden beispielhaft aufgezeigt:

„Im Sumpf gefangen" Der Stratege ist tief in der Thematik gefangen und sieht deshalb die Schwachstellen und möglichen Fehler nicht mehr oder blendet sie aus.

„Verliebt in das eigene Vorhaben" Er „brennt" für seine Idee und ist dadurch in hohem Maße emotional verhaftet. Sein Urteilsvermögen ist eingeschränkt.

„Augen zu und durch" Der Stratege glaubt fest daran: „Ich habe mich schon genügend mit allem auseinandergesetzt und alles bedacht!" Die Entscheidung ist getroffen.

Deshalb ist es eine Herausforderung an den Strategen, sich in dieser fortgeschrittenen Phase der Konzeption auf die Reflexion einzulassen. Der Stresstest ist dazu entwickelt worden, den bisherigen Entscheidungsraum zu verlassen und setzt die Auseinandersetzung mit einem Gesprächspartner voraus. Der ideale Gesprächspartner ist unabhängig, hat die gedankliche Freiheit zu hinterfragen, zu widersprechen und hilft dabei lösungsorientiert zu denken.

Unternehmerische Entscheidung

Der Stratege hat seine unternehmerische Entscheidung vorbereitet: Die Konzeption ist fertig gedacht, der Ideale Weg, also eine eindeutige Vorgehensweise für das unternehmerische Vorhaben, ist formuliert und in Zahlen codiert.

Die abschließende Reflexion des Strategen ist durchgeführt, Erkenntnisse daraus berücksichtigt. Die Liquidität für den Planungszeitraum ist bedacht, der notwendige Gesamtkapitalbedarf der künftigen Unternehmung ist erkannt und bewusst. Er verfügt nun erstmals über den notwendigen strategischen Gesamtblick auf die Lage: hinsichtlich des Marktes in Verbindung mit der angedachten künftigen Unternehmung. Auf dieser Basis nimmt er die unternehmerische Perspektive ein und wählt zwischen den Entscheidungsoptionen STOP | OR | GO.

Auseinandersetzungen im Didaktischen Prozess • Die Entscheidung, ob das unternehmerische Vorhaben weiter verfolgt werden soll oder nicht, nennen wir den »Punkt der Einsamkeit«.

Diese Bezeichnung resultiert aus der Erfahrung, dass der Stratege mit seiner Entscheidung grundsätzlich alleine ist. Mag das Gefühl ein anderes sein, mag im Team entschieden werden – alle stehen (nur) hinter dem Strategen und tragen die Entscheidung mit – solange alles gut läuft.

Zur besseren Einschätzung muss geklärt werden, wer letztendlich die Entscheidung fällt und wer diesbezüglich das Risiko trägt, denn hierbei muss nicht zwingend Deckungsgleichheit vorliegen. Wer übernimmt die Verantwortung – auch in der Zeit einer Krise?

Entscheidung GO

Fällt die Entscheidung für ein GO, wird in der Phase der Geschäftsplanung die Umsetzung des Vorhabens vorbereitet. In der Unternehmerischen Konzeption wurden dafür Ressourcen – Finanzen und Organisation – vorgesehen, die bis dahin gesichert sein müssen. Nach der Geschäftsplanung steht die finale Entscheidung zur Realisierung des Vorhabens an. Zu diesem Entscheidungspunkt START der Unternehmung müssen auch die Ressourcen für die Umsetzung beschafft werden und verfügbar sein.

Auseinandersetzungen im Didaktischen Prozess • In der Praxis ist häufig zu erleben, dass unternehmerische Vorhaben nicht im Sinne der White Strategy zuerst strategisch, konzeptionell fertig gedacht werden und bewusst auf eine endgültige Entscheidung hingearbeitet wird. Stattdessen werden – unter der Vorwegnahme der Entscheidung – konzept- und strategiebeeinflussende Einzelentscheidungen gefällt und Fakten geschaffen, die bereits Ressourcen binden und Kosten verursachen.

Welcher Stratege muss nicht zwingend über eine ökonomisch effiziente Arbeitsweise nachdenken? Es ist jemand, der über genügend finanzielle Mittel verfügt und für den auch Zeit kein Engpass darstellt. Dann kann er problemlos bereits getroffene Einzelentscheidungen korrigieren, die sich im weiteren Verlauf als nicht tragfähig herausstellen. Zwar wären möglicherweise die verbrauchten Mittel an anderer Stelle nutzbringender gewesen, aber es sind genügend vorhanden – nur, wie häufig kommt das vor?

In welcher Situation könnten einzelne Entscheidungen vorweggenommen werden? Es ist dann der Fall, wenn der Stratege sicher ist, dass die Einzelentscheidungen richtig und effizient sind. In der Rückschau muss sich der Stratege allerdings fragen, ob er nicht durch vorheriges Fertigdenken und anschließendes Entscheiden die Ressourcen hätte effizienter verwenden und dadurch einen schnelleren oder größeren Erfolg erzielen können.

In beiden Fällen ist die Gefahr der unbewussten Fehlentscheidungen gegeben, sofern das große Ganze noch nicht überblickt wird. Daraus können sich Konsequenzen mit ungeahnter Tragweite ergeben.

Die White Strategy arbeitet dieser Problematik entgegen, indem sie den Strategen zu einer bewussten wie auch ressourcenschonenden Vorgehensweise animiert. Dazu wird die unternehmerische Entscheidung in den Fokus gerückt. Der Stratege wird phasenweise zur Entscheidung geleitet, was ihm wiederum erlaubt notwendige Einzelentscheidungen bewusst zu treffen. Die Konzeption wird vor der unternehmerischen Entscheidung fertiggestellt, ohne mit Teilentscheidungen vorab einzelne Fakten zu schaffen. Letztendlich wird die unternehmerische Idee mit überschaubarem Zeiteinsatz zuerst fundiert durchdacht. Dabei ergeben sich unter anderem zwei wichtige Einschätzungen zum Ressourcenbedarf, die der Stratege im Rahmen seiner unternehmerischen Entscheidung STOP | OR | GO berücksichtigen muss:

– Welche Ressourcen werden **für die Vorbereitung** der Realisierung benötigt?

– Welche Ressourcen benötigt das Vorhaben **für die Realisierung?**

Entscheidung OR

Mit der Wahl dieser Entscheidungsoption räumt der Stratege dem unternehmerischen Vorhaben grundsätzliche Chancen ein. Ein OR kann z.B. durch den Eindruck entstehen, dass die Idee möglicherweise zu früh auf den Markt käme oder konzeptionelle Bestandteile hinterfragt und mit weiteren Informationen untersetzt werden sollten oder die Idee modifiziert werden müsse.

***Auseinandersetzungen im Didaktischen Prozess* •** Ab und an ist zu beobachten, dass mancher Stratege sich nicht für oder gegen sein Vorhaben entscheiden kann. Vergleichbares ist auch bei Gruppen zu erkennen, die hin und wieder Schwierigkeiten haben sich zu einigen. Häufig wird die Entscheidung dann aufgeschoben. In diesem Zusammenhang ist anzumerken, dass keine Entscheidung auch eine Entscheidung ist – und zwar ein unausgesprochenes STOP. Dies ist aber nicht die Intention dieser Entscheidungsoption OR.

Diese Option zielt darauf ab zu formulieren, welche Gründe zu dieser Entscheidung führen. Wichtig ist, dass bewusst wird, warum diese Entscheidung getroffen wird. Handelt es sich dabei beispielsweise um eine intuitive oder konkrete Einschätzung, die auf fehlende Plausibilitäten oder konkrete Lücken in der Konzeption hinweisen? Sind es persönliche oder unternehmerische Überlegungen oder sind andere Einflüsse für diese Entscheidung maßgeblich?

Die Entscheidung für ein OR kann dadurch entstehen, dass noch verschwommene oder bereits bestimmbare Gründe dafür sprechen, sich nochmals mit der unternehmerischen Idee zu beschäftigen. Oder die Gesamtkonzeption ist klar und plausibel, kann aber erst dann realisiert werden, wenn bestimmte Veränderungen (z.B. technologische, gesetzliche Veränderungen) eintreten – dabei liegt ein Vorteil darin, das Vorhaben gegebenenfalls schneller realisieren zu können. In allen Fällen werden die Entscheidungsoptionen STOP | OR | GO nochmals abschließend in den Raum gestellt.

<u>Entscheidung STOP</u>

Es gibt einige Gründe für diese bewusste Entscheidung, die in unterschiedlichen Facetten vorliegen können:

- Das Vorhaben wird als ökonomisch nicht sinnvoll eingeschätzt,
- die persönlichen oder die unternehmerischen Risiken werden als zu hoch wahrgenommen,
- notwendige Ressourcen sind nicht oder nicht rechtzeitig verfügbar,
- der Stratege erkennt, dass er selbst, die Organisation oder das Angebot noch nicht die entsprechende „Marktreife“ erlangt haben oder
- andere Gründe, die ein STOP strategisch sinnvoll erscheinen lassen.

Lautet für die angedachte unternehmerische Idee die Entscheidung STOP, sind alle nachfolgenden Phasen hinfällig.

Auseinandersetzungen im Didaktischen Prozess • Wie wir in unseren Beobachtungen feststellen konnten, kann die Entscheidung STOP unterschiedlich beeinflusst sein – mit der „Unternehmerischen Entscheidung" ist auch die „Persönliche Entscheidung" verknüpft. Von außen betrachtet steht die Unternehmerische Entscheidung im Vordergrund. Meist im Hintergrund verborgen und vielfach unterschätzt ist der Einfluss der Persönlichen Entscheidung. Bei ihr stehen andere Überlegungen im Raum wie zum Beispiel die Einschätzung, wie hoch die Chancen sind persönlich davon zu profitieren und andererseits wie groß das Risiko ist und welche Konsequenzen sich daraus für die eigene Person ergeben können.

Ebenso interessant wie diese Beobachtungen ist eine weitere – nämlich, dass dem STOP ein anderer Stellenwert zugewiesen wird als dem GO. Es wird als strategische Entscheidungsoption verdrängt, oftmals als „Scheitern" verstanden und deshalb nicht zugelassen, wie folgende Beispiele zeigen.

Beispiel 1: „Investition"

Das nachstehende Beispiel bezieht sich auf eine Beobachtung in einem größeren Unternehmen, die kein Einzelfall ist.

Der „Flurfunk" läuft auf Hochtouren. Seitens der beteiligten Akteure wird die weitere Entwicklung des Vorhabens eher negativ eingeschätzt, aber niemand traut sich so recht diesbezüglich etwas gegenüber dem Top-Management zu äußern – oder doch? Die Antwort auf die Frage, warum dieses Vorhaben nicht eingestellt wird, lautet: „Wir haben schon so viel in dieses Projekt investiert!"

Gibt es keinen besseren Grund als diesen? Ein STOP kommt also nicht in Betracht.

Beispiel 2: „Stellenwert"

Immer wieder stellen wir bei Studierenden den folgenden Umgang mit STOP fest.

Sie haben zur Aufgabe, eine eigene unternehmerische Idee marktorientiert zu entwickeln, auf Marktfähigkeit zu prüfen und ökonomisch zu bewerten. Jedes Team schließt die Vorlesung mit einer 10minütigen Präsentation und Verteidigung ihrer unternehmerischen Entscheidung STOP | OR | GO ab. Regelmäßig stellen Studierende zum Ende der konzeptionellen Arbeit und nach der ökonomischen Bewertung die Frage, ob die Teams, die sich für ein STOP entscheiden, schlechter benotet werden.

Ist dies vielleicht auch ein Indikator für den gesellschaftlichen und unternehmerischen Stellenwert der Entscheidungsoption STOP?

Beispiel 3: „Alternativlos"

Eine weitere Facette zur unternehmerischen Entscheidung STOP brachte die Diskussion mit der Redaktion eines Wirtschaftsmagazins zum Vorschein. Es ging um die Fragestellung, ob ein besseres Bewusstsein für die STOP | OR | GO Entscheidung dabei helfen könnte, die Anzahl der Liquidationen von Start-ups und „jungen Unternehmen" in Deutschland zu reduzieren. Die Antwort der Redaktion macht die zugrunde liegende Einstellung und den Umgang damit deutlich:

„Nur weil wir uns immer noch schwer tun mit Scheitern umzugehen, versagen wir uns den Fehlversuch."

Wie wird die Entscheidung STOP dadurch eingeordnet? Sie verhindert hier die Umsetzung einer unternehmerischen Idee, die sich unter Umständen später als erfolgreich herausstellen könnte. Damit wird aber dem Strategen die Fähigkeit abgesprochen, sein eigenes Vorhaben einzuschätzen. Wäre diese Einstellung ökonomisch sinnvoll, sollte die Entscheidung für alle unternehmerischen Vorhaben alternativlos GO lauten – es könnte ja sein, dass zufällig eine erfolgreiche Idee dabei ist. Also erst Machen, dann Denken? Anstatt den wenigen Entrepreneuren in Deutschland entscheidungsorientierte Hilfestellung zu geben, werden diese lieber der „Kultur des Scheiterns" geopfert.

Was stimmt uns an diesen ausgewählten Beispielen so nachdenklich? Aus unterschiedlichen Beweggründen scheint STOP als Entscheidungsoption in unserer Gesellschaft eine Verdrängung zu erfahren – ihr wird nicht der richtige Stellenwert beigemessen. Denn die Entscheidung eines Strategen, das Vorhaben nicht umzusetzen, ist auch ein Erfolg.

Unterschätzt wird dabei, dass sich bei einer dynamischen Betrachtung aus einem STOP neue Chancen ergeben. Die durch diese Entscheidung freigewordenen Ressourcen geistiger, zeitlicher und finanzieller Art geben dem Strategen Freiraum für Neues – zum Beispiel sich einer alternativen Idee zu zuwenden, die möglicherweise über besseres Potenzial verfügt.

Unterstützend zur Entscheidungsfindung ist zum Abschluss der konzeptionellen Phase eine abschließende Betrachtung empfehlenswert. Die Fragen zur Reflexion helfen dabei zu prüfen, ob wichtige Aspekte bedacht wurden.

White Strategy

16 Fragen zur Reflexion
der unternehmerischen Entscheidung

		nicht bedacht	noch zu tun	wurde bedacht
methodisch	1. Die unternehmerische Idee wurde in eine Start-up-Konstellation versetzt?			
	2. Die unternehmerische Idee wurde zeitlich, inhaltlich, persönlich und emotional entkoppelt?			
	3. Plausibilitäten innerhalb der Konzeption, vor allem in Bezug auf Ziele und Markt, sind nachvollziehbar?			
	4. Aktivitäten und deren Wirksamkeiten bestimmen Umsätze und Kosten?			
	5. Mit typischen unternehmerischen Fehlern wurde sich auseinandergesetzt?			
	6. Methodische Fehler wurden thematisiert und vermieden?			
	7. Die unternehmerische Konzeption wurde bis zum Ende durchdacht?			
konzeptionell	8. Eine Differenzierung gegenüber der Konkurrenz ist gegeben?			
	9. Der Marktpreis wurde ermittelt und die eigene Preisstellung daran orientiert?			
	10. Das Produkt wird als marktfähig eingestuft?			
	11. Die Organisation entspricht qualitativ und quantitativ den Anforderungen (Markt und Ziele)?			
	12. Für fehlende Kenntnisse gibt es Lösungen – sie sind ggf. als Kostenpositionen berücksichtigt?			
	13. Das Geschäftsmodell ist ökonomisch aussichtsreich?			
	14. Liquidität ist in ausreichendem Maß durchgängig vorhanden?			
persönlich	15. Die Bereitschaft ist vorhanden, das unternehmerische und persönliche Risiko zu tragen?			
	16. Die unternehmerische Entscheidung STOP | OR | GO wurde bewusst getroffen?			

Abbildung 28: 16 Fragen zur Reflexion

2.3.3 Prozesse in der Umsetzungsplanung

Die unternehmerische Entscheidung GO ist gefällt und die notwendigen Ressourcen für den nun folgenden Abschnitt »Geschäftsplanung« sind bereitgestellt.

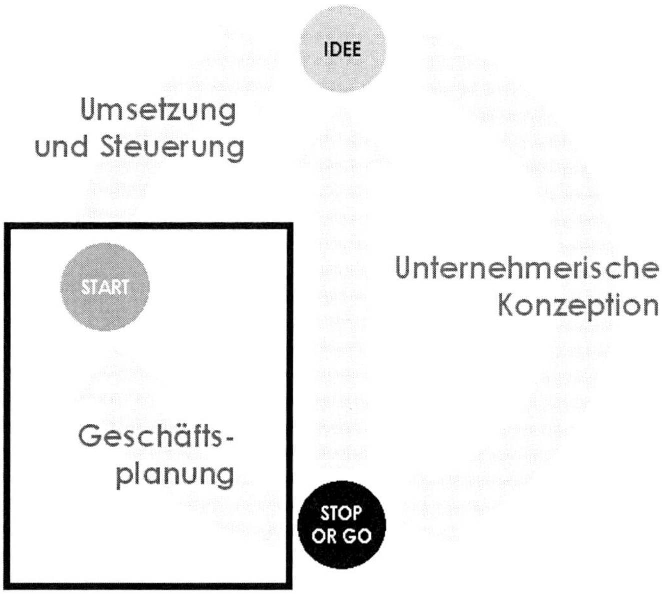

Abbildung 29: Abschnitt »Geschäftsplanung«

In dieser Phase ist die Finanzierung der Unternehmung die maßgebliche Anforderung, was meist bedeutet, dass Fremdkapital beschafft werden muss. Dafür gibt es unterschiedliche Möglichkeiten wie zum Beispiel 3 f´s (family, fools & friends), Crowdfunding-Plattformen, Geschäftspartner, Risikokapitalgeber, Banken – letztere auch in Verbindung mit gefördertem Kapital. Wie im Rahmen der Auseinandersetzung mit der Liquidität aufgezeigt, sollten in diesem Zusammenhang auch kapitalersetzende Alternativen wie zum Beispiel Kooperations- oder Partnering-Modelle sowie liquiditätsschonende Optionen wie z.B. Miete, Leasing oder Factoring bedacht werden. Abhängig von der jeweiligen Zielgruppe werden zur Kapital- oder Ressourcenbeschaffung meist spezifisch ausgearbeitete Businesspläne benötigt, die aus dem Geschäftsplan abgeleitet werden.

EXKURS: Entscheidungswelten

Speziell bei Gründungen ist immer wieder festzustellen, dass zur Erstellung der Unternehmenskonzeption Businessplanvorlagen von Finanzgebern verwendet werden. In ihrem Aufbau und ihren Fragestellungen sind diese Vorlagen jedoch auf die Entscheidungswelt des jeweiligen Finanzgebers zugeschnitten und nicht auf die des Unternehmers.

Warum werden diese Vorlagen dennoch so häufig verwendet?

Ein Teil der Begründung ist gewiss, dass sie einfach und kostenlos im Internet zur Verfügung gestellt werden. Aber auch die undifferenzierte Verwendung des Begriffs „Businessplan" trägt einen Teil dazu bei. So wird der angelsächsische Begriff „Businessplan" im Deutschen sowohl mit „Businessplan" als auch mit „Unternehmenskonzeption" und „Geschäftsplan" übersetzt.

Was folgt daraus?

Die fehlende sprachliche Unterscheidung führt dazu, dass auch die inhaltlichen Unterschiede häufig nicht wahrgenommen werden. Als Folge erkennen ungeübte Strategen nicht die Anforderungen.

Aufgrund dieser Erfahrungen vertreten wir den Standpunkt, dass eine Differenzierung zwischen „Unternehmenskonzeption", „Geschäftsplan" und „Businessplan" sinnvoll ist und dem Strategen damit Klarheit gibt und neue Perspektiven eröffnet.

Welches sind die wesentlichen Unterschiede?

Der „Geschäftsplan" dient als internes Instrument zur Unternehmungssteuerung. Er weist deshalb einen von der Komplexität der Unternehmung abhängigen Detaillierungsgrad auf und enthält Informationen, die externe Personen in dieser Tiefe nicht interessieren (oder die sie nicht beurteilen können). Gegebenenfalls gibt es darin auch Informationen, die der Stratege nicht offenlegen möchte.

Der „Businessplan" zielt auf einen für Dritte verständlichen Überblick des Vorhabens. Er wird auf die jeweilige Zielgruppe zugeschnitten, die mit Kapital oder anderen Ressourcen zum Erfolg beitragen soll. Folgendes Beispiel verdeutlicht die unterschiedlichen Informationsbedürfnisse der jeweiligen Zielgruppe: Eine klassische Bank legt eher Wert auf Sicherheit, ein Risikokapitalgeber auf Rendite, ein potenzieller Kooperationspartner gegebenenfalls auf eine langfristige Geschäftsbeziehung und ein Kunde beispielsweise auf die Sicherheit der Versorgung (Reiß/Schenscher/Fischbach 2018: 153).

Sind Finanzierung bzw. die Ressourcen für die künftige Unternehmung gesichert, können nun unter dem Gesichtspunkt der Wirksamkeiten die Organisation aufgebaut und deren Ablauf bestimmt sowie die notwendigen Aktivitäten vorbereitet und aktiviert werden, um zum anvisierten Zeitpunkt START entsprechend aufgestellt und ausgerüstet zu sein.

EXKURS: Handlungsfähigkeit des Strategen
In der Praxis sind jedoch auch weniger strukturierte Vorgehensweisen zu erkennen, die mehr an einen „fliegenden Start" erinnern als an ein überlegtes Agieren. Dies ist z.B. der Fall, wenn für die Unternehmung elementare Aktivitäten, die einsatzbereit sein sollten, zum Zeitpunkt START nicht verfügbar sind. Statt den Startzeitpunkt zu verschieben, werden sie in die Umsetzungsphase verlagert. Somit wird die gesamte Planung für die Periode unterlaufen. Speziell zu Beginn einer Unternehmung kann dies kritische Auswirkungen haben, wie folgendes Beispiel aufzeigt:

Das Unternehmen wollte in einen neuen Markt expandieren. Daher war es notwendig, einen Vertriebsleiter einzustellen, dem die Mitspieler und die Spielregeln in diesem Markt bekannt waren.
Eine solche Führungskraft mit entsprechender Qualifikation ist jedoch nicht von heute auf morgen zu finden. Rechnet man die dafür notwendigen Gespräche und eine übliche Kündigungsfrist zusammen, ist von einem Zeitraum von einem halben bis zu einem Jahr auszugehen. Entsprechend wurde dies in der Planung berücksichtigt. Dieser Aspekt wurde jedoch vom verantwortlichen Strategen „verdrängt", der Markteintritt war schon vorab durchgeführt worden. Daher startete die Unternehmung ohne Vertriebsleiter und damit ohne die notwendigen Kenntnisse und Verbindungen.
Dementsprechend konnte der Marktaufbau nicht in der vorgesehenen Zeit erfolgen. Nur die Ziele aus der längst überholten Planung

blieben ohne Veränderung stehen – und konnten nicht erreicht werden. Nach mehrjähriger Entwicklungszeit und einem knappen Jahr im Markt wurde die Unternehmung gestoppt, da das Umsatzziel nicht erreicht wurde.

Zur Verdeutlichung der Problematik bemühen wir nochmals das Bild des historischen Strategen. Wäre es nicht klüger, erst die Truppen den jeweiligen Verhältnissen entsprechend auszurüsten und aufzustellen, um dann in den Kampf einzutreten – in diesem Fall um Umsatz und Marktanteile?

Zur Orientierung und Steuerung

Neben den Vorlagen für den Geschäftsplan und für Businesspläne ist der „1000-Tage-Planer" ein weiterer Bestandteil des Instrumentariums der White Strategy. Er wird in der Phase Geschäftsplanung hinzugezogen, denn jetzt wird die Steuerung der künftigen Unternehmung vorbereitet. Sichtbar an die Wand gehängt zeigt er die Ziele und die wichtigsten Aktivitäten für die Unternehmung auf und weist den Strategen auf die sinnvolle Verwendung der Planung zur Orientierung und Steuerung des Vorhabens hin.

Auseinandersetzungen im Didaktischen Prozess • Entstanden ist der „1000-Tage-Planer" aus der Beobachtung, dass zwar geplant, die Planung dann aber häufig sorgfältig archiviert wird, anstatt damit zu arbeiten. Die Redewendung „Aus dem Kopf, aus dem Sinn" fasst die Problematik recht gut zusammen. Um dies zu vermeiden und die Präsenz der Ziele im Sinne einer strategischen Orientierung und Erfolgseinschätzung für den Strategen erlebbar zu machen, wurde der Planer als pragmatisches Instrument in diese Phase integriert.

Zum aktiven Einsatz kommt der 1000-Tage-Planer in der Phase „Umsetzung und Steuerung". Die Visualisierung sensibilisiert den Strategen für ein frühes Erkennen möglicher positiver und negativer Abweichungen – bezogen auf die angenommenen Wirksamkeiten der von ihm ausgewählten und eingesetzten Aktivitäten zur Zielerreichung.

2.3.4 Prozesse in der Realisierungsphase

Die Entscheidung für den START der Unternehmung ist gefallen, die Ressourcen sind gesichert. Die Organisation in ihrem Aufbau und Ablauf sowie die Aktivitäten sind qualitativ und quantitativ einsatzbereit. In seinem Geschäftsplan hat der Stratege seine Ziele als Meilensteine zur Orientierung auf dem Weg in die Zukunft gesetzt. An dieser Leitlinie orientiert hat er sich „Leitplanken" eingezogen. Sie sensibilisieren ihn dafür, von der Leitlinie abweichende, positive oder negative, Entwicklungen zu erkennen. Dies ermöglicht ihm, die Gründe für die Wirksamkeiten der ausgewählten Aktivitäten zu hinterfragen, um nach angemessener Zeit wiederum unternehmerische Entscheidungen zu treffen.

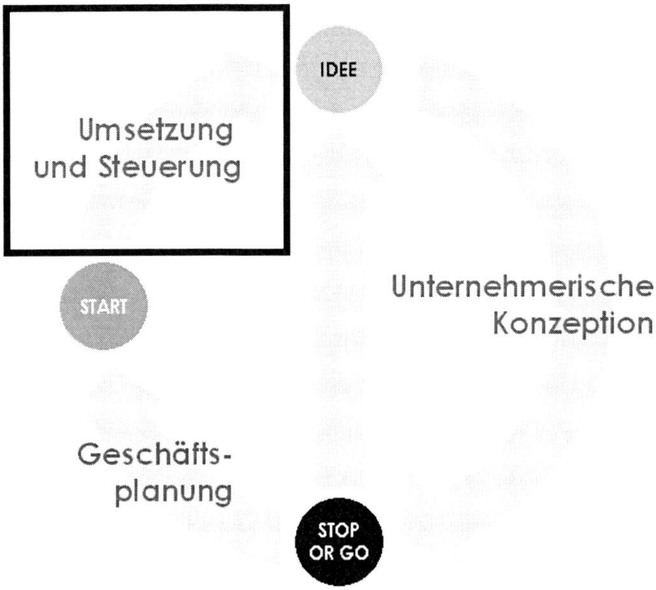

Abbildung 30: Abschnitt »Umsetzung und Steuerung«

Der Stratege gestaltet den Prozess der Realisierung, indem er nach jedem Meilenstein eine „Strategische Reflexion" vornimmt. Bei Bedarf, zum Beispiel bei hoher Dynamik im Markt oder auch in der Unternehmung, können aber auch kürzere Zeitintervalle sinnvoll sein. Die Erkenntnisse aus der Reflexion fließen wiederum in die unternehmerische Idee ein, sodass der Regelkreis wieder aktiviert wird. Deshalb bildet die Reflexion auch den Ausgangspunkt dafür, rollierend zu planen. Die Dynamische Umsatzplanung wird in diesen Prozess mit einbezogen.

2.4 Wichtige Parameter

Wie schon aufgezeigt führt der Strategische Prozess strukturiert von der Idee zur unternehmerischen Entscheidung und wird vom Strategen dabei durchgängig bewusst wahrgenommen. Im Gegensatz dazu wird der Didaktische Prozess meist nicht wahrgenommen. Er wird dem Strategen häufig erst dann bewusst, wenn konkret darauf hingewiesen wird.

Abschließend gehen wir auf verschiedene Parameter ein, die den Strategen ebenfalls hinsichtlich der Qualität seiner Entscheidungen beeinflussen. In den Prozessen werden sie methodisch bewusst gemacht. Dazu gehören der Umgang mit Komplexität, Integrierendes Denken sowie seine Fähigkeiten und weitere Einflüsse, die nochmals im Gesamtzusammenhang aufgezeigt werden.

2.4.1 Komplexität

Ein Aspekt, der beide Prozesse berührt, ist der Umgang mit Komplexität, die jede unternehmerische Idee mit sich bringt. Im Rahmen unserer Beobachtungen stellten wir immer wieder fest, dass eine zu frühe Wahrnehmung der Komplexität zu Barrieren führen und damit *Neues Denken* blockieren kann. Daher wurde bei der Entwicklung der Methode White Strategy und der Konzipierung des Strategiesystems CONCEPTEM auch berücksichtigt, dass die jeweilige Komplexität eines unternehmerischen Vorhabens zu Beginn nur bedingt wahrgenommen werden soll. Die vollständige Komplexität wird später in der »Ökonomischen Betrachtung« erfasst, da die Zusammenhänge und Abhängigkeiten erst im Prozess schrittweise erkannt und miteinander verknüpft werden. Trotz der hohen Komplexität leiten Methode und Instrumentarium den Strategen letztendlich zu einer fundierten Entscheidung, die darauf beruht, dass er die Gesamtkonzeption hinsichtlich ihrer Plausibilitäten einstufen kann.

Auseinandersetzungen im Didaktischen Prozess • Im Zusammenhang mit unternehmerischen Vorhaben und deren Komplexität sind unterschiedliche Gefühle und Reaktionen zu beobachten. Sie reichen von einer gefühlten Einsamkeit bis hin zur Überforderung, wenn im Extrem keine Informationen vorhanden sind oder schwer zu erfassende Informationsmengen vorliegen. Diese Gefühle können emotionale Reaktionen auslösen, die in einer Bandbreite von Ablehnung, Verzweiflung, Aggression, Schuldsuche bis zur Aufgabe liegen. Allesamt Gefühle und Reaktionen, die den Blick des Strategen trüben und zu Fehlentscheidungen führen können.

Betrachten wir uns deshalb zwei Verhaltensweisen näher. Die eine bezieht sich auf den Umgang mit der Informationsmenge, die zweite auf das Problem der »Künstlichen Komplexität«.

Umgang mit der Informationsmenge

Stellen wir uns die beiden Extreme vor. Liegen keine Informationen vor besteht die Herausforderung darin, Annahmen für die Zukunft treffen zu müssen. Diese strategische Anforderung ruft oft spontanen Widerstand hervor, der sich in der Frage „Woher soll ich das wissen?“ ausdrückt. Spätestens hier muss die Erkenntnis reifen: „Rückzug ist jetzt keine Option!“ Denn nun muss das Verständnis dafür vorhanden sein, dass ohne Annahmen keine Orientierung, auch kein Widerspruch gegen die Annahmen, genauso wenig eine Diskussion darüber möglich ist. Diese Erkenntnis öffnet den Horizont dafür, dass eben Annahmen getroffen werden müssen. Der gesamte Prozess fordert den Strategen in seiner Entscheidungskraft.

Das andere Extrem, ein Überfluss an Informationen, führt zu dem Risiko, den Blick auf das Wesentliche zu verstellen. Daraus ergibt sich die Anforderung, das Entscheidende aus der Menge an Informationen herauszukristallisieren. Auch dieser Vorgang fordert den Strategen.

»Künstliche Komplexität«

Eine selbst erzeugte Informationsmenge, die zur höheren Komplexität führt, bezeichnen wir als »Künstliche Komplexität«. Sie kommt in unterschiedlichen Facetten vor.

Wer kennt dies nicht aus diversen Besprechungen? Das Projekt wird mit einer überdimensionalen Komplexität dargestellt und damit dramatisiert. Ein beliebtes Mittel und subversiver Ansatz, um Projekte zu verhindern. Die einen bemerken es möglicherweise nicht, andere sind nicht gewillt, sich mit hoher Komplexität auseinanderzusetzen oder haben nicht die Zeit dazu.

Eine ganz andere Facette ist bei einem unternehmerischen Vorhaben zu beobachten, das vorangebracht werden soll. Hier wird Künstliche Komplexität vor allem dann erzeugt, wenn überflüssige Berechnungen vorgenommen werden. Andererseits können sinnvolle Berechnungen aber auch wichtig sein, um ein besseres Verständnis für Plausibilitäten entwickeln zu können. Dabei liegt eine Gefahr darin, immer weitere, tiefergehende Berechnungen durchzuführen, die letztendlich keinen zusätzlichen Erkenntnisgewinn bringen. Die dadurch künstlich gesteigerte Komplexität kann drei Effekte nach sich ziehen.

Der Blick verschwimmt. Man sieht den Wald vor lauter Bäumen nicht. Zu allem Überfluss werden selbst fortlaufend neue Bäume gepflanzt.

Das Sicherheitsgefühl steigt. Ein hoher Detaillierungsgrad steigert in diesem Fall den Glauben an das Ergebnis. Gleichzeitig wird das Wissen um die Unsicherheit der getroffenen Annahmen verdrängt. Diese gefühlte Sicherheit ist trügerisch.

Die Effizienzorientierung geht verloren. Man verirrt sich in den Tiefen von Berechnungen, verschwendet Ressourcen, statt vorher bewusst abzuwägen, ob weitere Berechnungen zu besseren Entscheidungen führen.

Immer wieder ist zu erkennen, dass die Kunst darin liegt, einen angebrachten, fundierten Mittelweg im Umgang mit Information und Komplexität zu finden.

2.4.2 Integrierendes Denken

Beide Prozesse zielen darauf ab, *Neues Denken* zu erleichtern, das – bezogen auf Innovation und Strategie – an integrierendem Denken partizipiert. Deshalb regt die Auseinandersetzung mit der unternehmerischen Idee sowohl rationales als auch kreatives Denken an, die beide gefordert und miteinander verknüpft werden. Dies umfasst Aspekte wie logisches, analytisches und kritisches Denken genauso wie Intuition, Gefühle, Vorstellungs-, Abstraktions-, Lösungs-, Assoziationsvermögen und Zukunftsorientierung.

2.4.3 Fähigkeiten

Wir haben drei Gruppen gebildet, die nicht als trennscharf verstanden werden dürfen, sondern verschiedene Perspektiven auf notwendige Fähigkeiten eröffnen sollen: »Initialfähigkeiten«, »Permanente Fähigkeiten« und »Situative Fähigkeiten«. Diese Fähigkeiten können durch die Methode White Strategy geweckt, gefördert und gestärkt werden. Zusätzlich wird auch die Selbstwahrnehmung angeregt, um sich weder über- noch zu unterschätzen. Es wird hinterfragt, ob die vorhandenen persönlichen Fähigkeiten den Anforderungen von Markt und Ziel gerecht werden.

Initialfähigkeiten

Neues Denken bedingt die Auseinandersetzung mit der unbeschriebenen, nicht vorhersehbaren Zukunft einer unternehmerischen Idee. Es fordert Initialfähigkeiten, die man als Voraussetzung verstehen kann. Um über die Zukunft nachdenken zu können, ist Abstraktionsvermögen notwendig. Weiterhin gehören beispielsweise Neugier und Offenheit für Neues dazu.

Bezogen auf das jeweilige Vorhaben ist es für die strategische Perspektive notwendig, eigene Vorurteile zu erkennen und zu überwinden. Letztendlich geht es um die Bereitschaft, geistig die Komfortzone zu verlassen und Verantwortung zu übernehmen. Die Entscheidung Verantwortung zu übernehmen ist der Moment, in dem unternehmerische Aktivität beginnt.

Permanente Fähigkeiten

Permanente Fähigkeiten werden vom Strategen im gesamten unternehmerischen Prozess gefordert. Dazu gehört zum Beispiel Kreativität, die sowohl als schöpferische Kraft wie auch als Problemlösungsfähigkeit vorhanden sein muss. Als weitere permanente Fähigkeit wird „Unternehmerisches Denken und Handeln" im gesamten Prozess benötigt. Exemplarisch ordnen wir dieser Fähigkeit weitere Anforderungen zu, die eine große Bandbreite aufzeigen:

- Betriebswirtschaftliche Intuition
- Chancen erkennen und bewusst nutzen sowie deren Steuerung
- Courage (Wissen um eigene Ängste – und bewusst damit umgehen)
- Effizienzorientierung
- Eigeninitiative
- Eigenverantwortlichkeit
- Entscheidungsfähigkeit – bezogen auf die Zukunft und Akzeptanz der damit verbundenen Unsicherheit
- Gratwanderung zwischen Beharrlichkeit und Starrsinn bewältigen
- Initiativ sein
- Komplexitäten verstehen und bewältigen
- Konzeptionelles und strategisches Denken
- Krisen erkennen und lösen
- Kritisches, lösungsorientiertes Denken

- Marktorientiertes Denken
- Mentale Stärke
- Offener Umgang mit Veränderung
- Ökonomisches Denken und Handeln
- Organisationsfähigkeit
- Potenziale finden und bewerten
- Resilienz
- Risiken erkennen und bewusst eingehen sowie deren Steuerung
- Selbstgesteuertes Lernen und Handeln
- Selbstreflexion
- Selbstmotivation
- Vermarkten können
- Vorausschauendes Planen und Steuern
- Ziele formulieren und verfolgen
- Zusammenhänge und Plausibilitäten erkennen

Situative Fähigkeiten

Abhängig von der Situation, insbesondere wenn mit anderen Menschen agiert wird, werden vom Strategen auch Kommunikationsfähigkeiten und Führungsfähigkeiten verlangt. Beispielhaft geht es darum soziale Impulse zu suchen, in Netzwerken zu denken sowie teamfähig zu sein.

Die Anforderungen sind vielfältig wie zum Beispiel: Temporäres Führen, also zu führen, aber sich auch führen zu lassen, wenn andere in Teilgebieten über mehr Kompetenzen verfügen, kann ebenfalls für den Erfolg wichtig sein. Gleichzeitig muss bewusst sein, die Verantwortung für das unternehmerische Vorhaben nicht abgeben zu können.

Weiterhin ist Führung durch Motivation mit Elementen wie Zielklarheit, Wertschätzung und Respekt eine wichtige Fähigkeit. Dabei geht es auch darum, einen gemeinsamen Weg hinsichtlich Kontrolle und Vertrauen zu finden. Kritikfähigkeit und Kompromissbereitschaft sind weitere Anforderungen wie auch die Aufgabe, sich selbst, sein Team, das Vorhaben und die Unternehmung zu verkaufen. Erleichtert wird dies durch Emotionale Intelligenz (vgl. Goleman 2019), im Sinne von Selbstwahrnehmung und -regulierung, Empathie und Eigenmotivation sowie der Motivation beteiligter Menschen. Es geht dabei um den Umgang mit sich selbst und anderen, was wiederum Einfluss auf andere Fähigkeiten hat und deshalb von großer Bedeutung ist. Situative Fähigkeiten erleichtern Co-Laboration* und Kooperation. In diesem Fall meint Co-Laboration sich zusammenzufinden, um gemeinsam ein Ziel zu erreichen, wogegen Kooperation davon ausgeht, dass die Partner in der Zeit ihrer Zusammenarbeit jeweils auch eigene Ziele verfolgen. In beiden Arten der Zusammenarbeit werden Fähigkeiten von Menschen und Unternehmen zusammengeführt, obwohl die Zielsetzung in gewissem Sinn unterschiedlich ist.

Die aufgezeigten Fähigkeiten beeinflussen sich gegenseitig. Sie können jeweils geweckt und gefördert, gestärkt und entwickelt und somit gelernt und geübt werden. Die Voraussetzung dafür ist, dass sie bewusst sind bzw. gemacht werden.

** Wir haben uns von der Schreibweise der „Kollaboration" entfernt, da diese in unserem Sozialisierungsraum auch negativ besetzt sein kann. Die lateinische Vorsilbe co = zusammen in Verbindung mit dem lateinischen Wort laborare = arbeiten trifft es aus unserer Sicht besser.*

2.4.4 Wie steht es mit den Fähigkeiten?

Welche Fähigkeiten im Strategischen Prozess und im Didaktischen Prozess entwickelt werden können, wurde in den vorherigen Kapiteln angeschnitten. Aber wie stellt sich der Ausgangspunkt dar? Welche Vorstellungen haben junge Erwachsene bezüglich der Fähigkeiten, die in einer Führungsposition als Entrepreneur oder Intrapreneur gefragt sind?

Um sich dieser Fragestellung zu nähern, starteten wir im Wintersemester 2017/18 erste Befragungen an der Hochschule Mainz. Die bisher letzte fand im Sommersemester 2021 statt. Die Befragungen dienen zum einen zur Unterstützung der Lehre und der Thematisierung von Fähigkeiten als eine Antwort auf künftige Veränderungen. Des Weiteren fließen die daraus gewonnenen Erkenntnisse in die Weiterentwicklung der Methode White Strategy ein. Aufgebaut ist die Befragung wie folgt:

Schritt 1: Zuordnung

Die Studierenden (in Vollzeit und berufsintegrierend studierend) müssen sich in einem ersten Schritt entscheiden, ob sie künftig eher in

- einer Führungsposition als Unternehmer/in (die führende Position eines Entrepreneurs ergibt sich zwar per se, jedoch beobachten wir in der Praxis, dass dieser Aspekt oftmals nicht oder zu spät realisiert wird),
- einer Führungsposition als abhängige Beschäftigte/r

oder

- nicht selbstständig, in keiner Führungsposition tätig sein wollen, bzw. sich über ihren künftigen Weg noch keine Gedanken gemacht haben.

Diese Aufgabenstellung soll Klarheit darüber schaffen, wer sich eher mit der einen oder anderen Position auseinandersetzt, um die Antworten aus dem jeweiligen Blickwinkel zu erhalten. Weiterhin sollen bei der Auswertung diejenigen Personen isoliert werden, die sich heute oder künftig nicht in einer Führungsposition sehen, um das Ergebnis nicht durch deren Antworten zu verfälschen. Denn was uns besonders interessiert ist, welche Fähigkeiten dem Intrapreneur in einer führenden Position oder dem Entrepreneur zugeordnet werden, woraus sich entsprechende Anforderungen an diese Positionen ableiten lassen.

Den drei Positionen sind Moderationskarten mit unterschiedlichen Farben zugeordnet, sodass jeder Studierende die Farbe wählen kann, die seiner persönlichen Vorstellung einer künftigen oder auch derzeitigen Position entspricht (in dem virtuellen Vorlesungsformat erfolgt die Abfrage per Fragebogen).

Insgesamt wurden bisher 500 Studierende befragt, die sich jeweils den folgenden Positionen zuordneten:

Die Studierenden haben für sich folgende Position gewählt		
Führungsposition als Unternehmer/in	120	24%
Führungsposition als abhängig Beschäftige/r	260	52%
Nicht selbstständig, keine Führungsposition	120	24%
Gesamt (N)	**500**	**100%**

Schritt 2: Fähigkeiten

Nach der Wahl der individuellen Position werden die Studierenden darum gebeten, die wichtigsten Fähigkeiten aufzuschreiben, die aus ihrer Sicht für diese Position erforderlich sind.

Die Auswertung

Wie schon dargestellt, isolieren wir die Gruppe „nicht selbstständig, keine Führungsposition" und betrachten sie nicht weiter. Stattdessen konzentrieren wir uns auf die beiden Gruppen Entrepreneure und Intrapreneure. Aufgrund der offenen Fragestellung und der Möglichkeit Mehrfachnennungen abzugeben, wurden von jeder Gruppe eine Vielzahl von Nennungen gemacht:

Gruppe Entrepreneure: 487 Nennungen

Gruppe Intrapreneure: 1.146 Nennungen

Im Folgenden zeigen wir die Fähigkeiten in jeder Gruppe auf, die mindestens 15 Nennungen auf sich vereinen konnten.

ENTREPRENEURE	n =	120
Anzahl der Nennungen		487
Notwendige Fähigkeiten für eine Führungsposition als Unternehmer/in		
Nennungen	**% der Fälle**	**Fähigkeiten**
25	20,8%	Kreativität/erfinderisch sein/ Innovationsfähigkeit
21	17,5%	Durchhaltevermögen/-kraft, Ausdauer, Beharrlichkeit
21	17,5%	Kommunikationsstärke/-fähigkeit, Kontaktfreudigkeit
18	15,0%	Fachwissen/-kenntnisse/Berufserfahrung/ Branchenkenntnisse
17	14,2%	Organisationsfähigkeit/strukturiert sein
15	12,5%	Empathie/Einfühlungsvermögen

INTRAPRENEURE	n =	260
Anzahl der Nennungen		1.146
Notwendige Fähigkeiten für eine Führungsposition als abhängig Beschäftigte/r		
Nennungen	**% der Fälle**	**Fähigkeiten**
86	33,1%	Empathie/Einfühlungsvermögen
84	32,3%	Fachkompetenz/Fachwissen/Fachkenntnisse/ Qualifikation
70	26,9%	Durchsetzungsvermögen/-fähigkeit/-stärke
69	26,5%	Kommunikationsfähigkeit
52	20,0%	Teamfähigkeit/Teamgeist
49	18,8%	Führungsfähigkeit/-stärke
45	17,3%	Motivationsfähigkeit/-kraft
43	16,5%	Sozialkompetenz/-fähigkeit (auch „offenes Ohr“ haben)
37	14,2%	Entscheidungsfähigkeit/-freude
35	13,5%	Verantwortung übernehmen/ Verantwortungsvoll/-bewusstsein
31	11,9%	Organisationsfähigkeit/Zeitmanagement
18	6,9%	Ziele setzen können/Zielorientierung/ Zielstrebigkeit
17	6,5%	Strategisches Denken/Verhalten
16	6,2%	Kritikfähigkeit
16	6,2%	Visionär/Weitblick/Weitsicht/über den Tellerrand/vorausschauend agieren/Chancen, Risiken rechtzeitig erkennen
15	5,8%	Konfliktmanagment/-fähigkeit

„Wissen“, hier als Fachkompetenz/-wissen/-kenntnisse/Qualifikation ausgewiesen, wird von beiden Positionen aufgeführt. Eine Unterscheidung zwischen Fähigkeiten und Wissen wird nicht getroffen.

Beiden Positionen wird zugeschrieben, dass Kommunikationsfähigkeit eine wichtige Rolle spielt, ebenso wie Organisationsfähigkeit und Empathie, wenn auch in unterschiedlichem Maße. Interessant ist, dass den Intrapreneuren die Fähigkeit „Durchsetzungsvermögen/-fähigkeit/-stärke“ (26,9%) abverlangt wird, aber nicht den Entrepreneuren. Dafür wird den Entrepreneuren die Fähigkeit „Durchhaltevermögen / -kraft, Ausdauer, Beharrlichkeit (17,5%) zugeordnet, was für die Position eines Intrapreneurs eher keine Rolle spielt. Spannend wie bedenklich ist, dass Entrepreneuren die Fähigkeit „Kreativität“ (20,8%) als Anforderung zugeschrieben wird, diese jedoch bei Intrapreneuren eine eher untergeordnete Rolle spielt. Die Fähigkeit „Kreativität / innovativ / Entwicklung neuer Lösungsansätze“ wurde dieser Position nur elfmal zugeordnet.

FAZIT: Wie schon dargelegt, ist Kreativität als Permanente Fähigkeit im gesamten betriebswirtschaftlichen und unternehmerischen Prozess unverzichtbar. Der niedrige Stellenwert bei den Intrapreneuren macht uns auch deshalb nachdenklich, weil sich dieser mit unseren bisherigen Beobachtungen deckt: Kreativität ist latent vorhanden, scheint aber im Laufe der bisherigen Ausbildung nach dem Verlassen des Kindergartens weitgehend aberzogen worden zu sein. Die einfache Frage für uns alle ist, ob wir glauben, die Anforderungen der Zukunft so bewältigen und den disruptiven Veränderungen begegnen zu können. Wir beobachten, dass Kreativität einen niedrigen Stellenwert hat und diese so einschränkt. Es ist aber auch zu erkennen, dass diese Fähigkeit latent vorhanden ist und geweckt, verstärkt werden kann. Unserer Ansicht nach muss aber nicht nur bei ökonomisch orientierten Menschen mehr Akzeptanz für Kreativität geschaffen, sondern auch gleichzeitig in der Kreativwirtschaft mehr Wissen über ökonomische Zusammenhänge vermittelt werden.

Wir brauchen dafür mehr Raum für offene Lehr- und Lernprozesse. Offen meint nicht, dass wir die jungen Menschen einfach sich selbst überlassen – das wäre das falsche Verständnis von Lehre und Wissensvermittlung. Im Gegenteil. Man muss näher an sie heran, mit ihnen Auge in Auge diskutieren – sie provozieren und aus der Komfortzone des Lernkonsums befreien, sie wecken für kommende Veränderungen und ihnen gleichzeitig Struktur, Freiraum, Verantwortung geben. Wir müssen ihnen die Anforderungen an Entre- und Intrapreneure bewusst machen und entsprechende Fähigkeit vermitteln, Verhaltensweisen bewusst machen. Dazu gehört auch endlich die beiden Berufsfelder „Abhängige Beschäftigung“ und „Selbstständige Tätigkeit“ gleichwertig als berufliche Optionen zu behandeln.

Die Methode White Strategy wurde unter anderem an solchen Maßstäben orientiert entwickelt. So sind zum Beispiel für bis zu zehn Teams mit jeweils drei bis vier Personen mindestens zwei Coaches als Sparringspartner vorgesehen, um diesen zu entsprechen. Um Veränderung und *Neues Denken* von Beginn an zu thematisieren, werden vorhandene Strukturen innerhalb der Semestergruppe ignoriert und die Studierenden in genderkulturelle Teams ausgelost. Initialfähigkeiten werden aktiviert, indem jedes Teammitglied im Vorfeld der Vorlesung aufgefordert wird, sich eine eigene unternehmerische Idee zu überlegen. Von diesen Ideen muss sich eine Idee in jeder Gruppe durchsetzen, um diese dann gemeinsam zu bearbeiten. Die Permanenten Fähigkeiten Kreativität und Unternehmerisches Denken und Handeln sind im gesamten Prozess der Konzeptionierung der unternehmerischen Idee gefordert und werden durch die gemeinsamen Diskussionen aktiviert, gestärkt und vermittelt. Situative Fähigkeiten werden unter anderem aufgrund der Gruppenarbeit, der Arbeit der verschiedenen Gruppen miteinander benötigt. Dadurch sowie mittels der thematisch zugeordneten Vorträge von Praktikern gelingt es, junge Menschen wachzurütteln – sehr oft schon im Rahmen der laufenden Vorlesung, ab und an danach, auch nach Jahren, wenn Studierende mitteilen, dass „der Groschen gefallen" sei.

In diesem Sinne werden wir die Befragung in den kommenden Jahren weiterführen und sind gespannt, welche Ergebnisse wir künftig erwarten dürfen, um diese dann mit den Studierenden diskutieren zu können.

2.4.5 Weitere Einflüsse

Durch Methode und Instrumentarium werden weitere wichtige Parameter direkt oder indirekt, bewusst oder unbewusst aktiviert und entwickelt. Die Einflüsse auf den Strategen sind zur besseren Nachvollziehbarkeit in der Abbildung isoliert dargestellt, wobei bewusst sein muss, dass gegenseitige Abhängigkeiten bestehen, die positiv oder negativ beeinflussen.

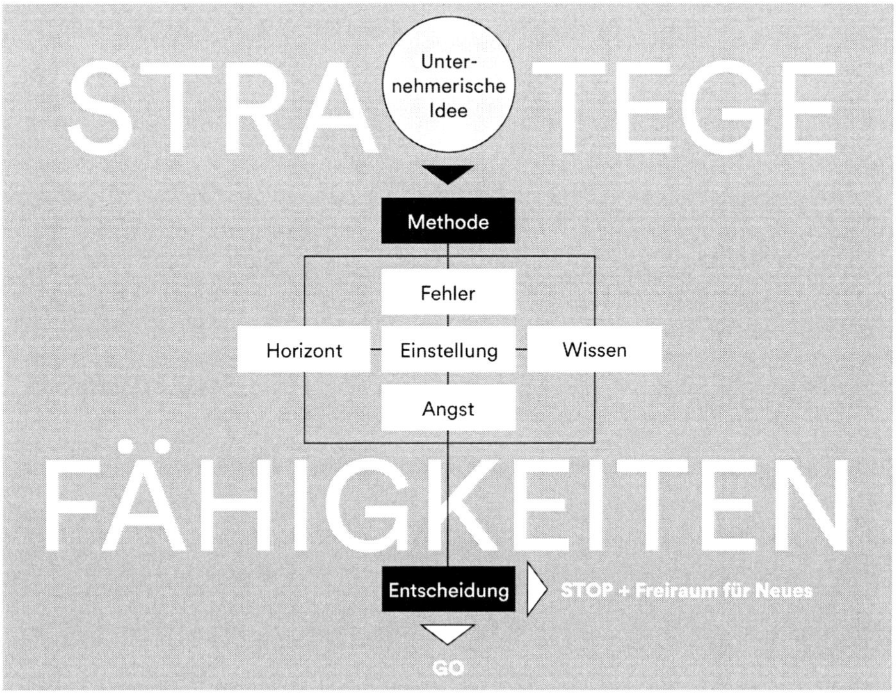

Abbildung 31: Parameter

Der Stratege als „Motor" ist untrennbar mit der unternehmerischen Idee verbunden, denn seine **Fähigkeiten** sind mit ausschlaggebend für den Erfolg. Andererseits benötigt er genügend emotionalen Abstand zur Idee, um Schwachstellen in der Konzeption wahrzunehmen. Aus dieser Erkenntnis heraus bietet die Methode dem Strategen auch die persönliche Abkopplung von seiner Idee, damit er diese mit notwendigem emotionalen Abstand aus einer strategischen Position heraus entwickeln kann. Dies zielt auch darauf ab, dass seitens des Strategen erkannt und akzeptiert wird, dass die eine oder andere Fähigkeit möglicherweise nicht durch ihn selbst bzw. durch die eigene Organisation abgedeckt wird – eine wichtige Erkenntnis für den Entrepreneur oder den Intrapreneur und gleichzeitig Signal zur Lösungsfindung.

Die systematische Hinführung des Strategen von der unternehmerischen Idee zur jeweiligen Entscheidung STOP|OR|GO und gegebenenfalls bis hin zum Entscheidungspunkt START bedingt, dass Fähigkeiten sich entwickeln und den **Horizont** des Strategen erweitern. In diesem Zusammenhang nimmt auch die

Kenntnis über **Wissen** und Nichtwissen zu. Die Kenntnis über bekannte, statistisch belegte unternehmerische **Fehler** und deren Auswirkungen gibt dem Strategen die Möglichkeit, sie zu vermeiden oder solche künftig frühzeitig zu erkennen und ihnen begegnen zu können. Methodischen Fehlern wird im Rahmen der konzeptionellen Arbeit entgegengewirkt, indem sie dem Strategen bewusst gemacht werden.

Angst bzw. Angst zuzulassen verstehen wir ebenfalls als eine Fähigkeit, die wir hier aufgrund ihres Einflusses auf Entscheidungen nochmals als separaten Aspekt betrachten. Angst wird zwar wahrgenommen, aber im Laufe des Prozesses zu Respekt vor der Aufgabe und zu Courage entwickelt – im Wissen um die eigenen Ängste und dem bewussten Umgang mit ihnen. Hierbei handelt es sich um die Fähigkeit, angesichts einer Gefahr (dazu gehören persönliche Risiken, die eingegangen werden und die damit verbundene Möglichkeit zu scheitern) mit seiner Angst umzugehen und Panik zu vermeiden. Oder sie wird vor einer Realisierung des Vorhabens als persönliches Hindernis verstanden.

Abschließend kann festgestellt werden, dass die unternehmerische Tätigkeit eines Strategen bereits in der Planungsphase beginnt: „Unternehmerisches Denken" bezieht sich hier auf die konzeptionelle Tätigkeit des Strategen, „Unternehmerisches Handeln" auf seine Entscheidungen in diesem Rahmen. Dieser Aspekt ist oft nicht bewusst und wird deshalb gerne unterschätzt.

Die Unterschätzung, dass die unternehmerische Tätigkeit bereits mit der Planung beginnt, kann sich in einer ablehnenden Haltung gegenüber der Planungstätigkeit äußern. In der empirischen Beobachtung ist zu erkennen, dass die **Einstellung** eines Strategen gegenüber der Planung einen wesentlichen Einfluss darauf hat, ob die aufgezeigten Parameter aktiviert und entwickelt werden können. Denn wird Planung als überflüssig abgelehnt oder oberflächlich durchgeführt oder findet sie nicht statt, fehlen dem Strategen wichtige Parameter für seine Entscheidungsfindung und die Steuerung seiner Unternehmung.

Somit führt uns der Punkt „Einstellung" zur Frage, ob eine positive Einstellung zur Planung als Voraussetzung für *Neues Denken* verstanden werden kann.

3. Voraussetzung für *Neues Denken*

Schwerpunkte dieses Kapitels

Barrieren für die White Strategy

- Was *Neues Denken* be- und verhindert?
- Warum wird Planung abgelehnt?
- Wie problematisch sind Planungsrelativierer?
- Welches Image hat Planung?
- Warum ist *Neues Denken* sinnvoll?

Neben fehlender Offenheit für Neues stellt die ablehnende Haltung gegenüber Planung die größte Barriere dar, um den Prozess des Neu-Denkens zu durchlaufen. Wie dargestellt dient dieser Prozess einer fundierten unternehmerischen Entscheidungsfindung, legt gleichzeitig die entsprechende Basis für eine mögliche Steuerung der Unternehmung und bietet vor allem die Chance, die dazu notwendigen Fähigkeiten des Strategen zu entwickeln und zu stärken. Das sind gute Gründe, sich mit der Hürde „Einstellung“ näher auseinanderzusetzen. Zum Teil geschieht dies mit Absicht provokativ ... ab und an auch mit einem leichten Augenzwinkern, um zu aktivieren, neu darüber nachzudenken oder Widerspruch zu erzeugen, auf jeden Fall, um Diskussion zu entfachen.

Dazu haben wir das Universum der Planungsakteure in drei maßgebliche Bereiche eingeteilt: Planungsgegner, Planungsindifferente und Planungsbefürworter.

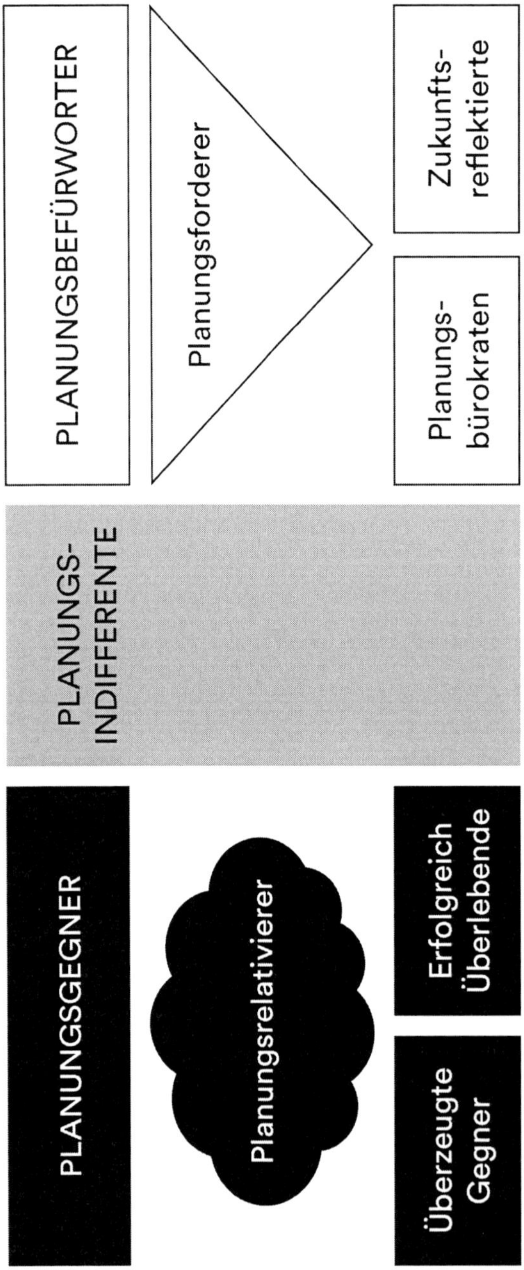

Abbildung 32: Gegner, Indifferente, Befürworter

Auf die Gruppe der Planungsindifferenten gehen wir im nachfolgenden Kapitel 4 ein und widmen uns im Folgenden zuerst den einzelnen Positionen der Planungsgegner und Planungsbefürworter.

3.1 Planungsgegner

In unserer Arbeit mit Menschen, die unternehmerische Ideen verfolgen, sind unterschiedliche Einstellungen im Umgang mit der Zukunft zu beobachten. Während die meisten Strategen offen für eine Auseinandersetzung mit der Zukunft sind, haben einige Menschen auch Vorbehalte. Diese Vorbehalte drücken sich mehr oder weniger deutlich in zwei unterschiedlichen Verhaltensmustern aus. Die Einen erkennen keine Bedrohungen und schreiten unbekümmert in die Zukunft. Andere begegnen Veränderungen und möglichen Bedrohungen mit Verharren.

In seinem Buch »Schnelles Denken, langsames Denken« spricht Daniel Kahneman unter anderem von der Beobachtung, dass Verluste höher bewertet werden als Gewinne und das Menschen verlustscheu sind: „Wenn sie direkt miteinander verglichen oder gegeneinander gewichtet werden, schlagen Verluste stärker zu Buche als Gewinne." (Kahnemann 2011: 347).

Beide Gruppen, die der Unbekümmerten und die Verharrenden, eint zumindest eines: der Widerstand, sich mit der Zukunft vorausschauend auseinanderzusetzen, um damit Bedrohungen entgegenzuwirken. Was eine gewisse Spannung birgt, wie ein weitere Erkenntnis Kahnemanns aufzeigt: „Lebewesen, die Bedrohungen vordringlicher behandeln als Chancen, haben höhere Überlebens- und Fortpflanzungschancen." (Kahnemann 2011: 347)

Das führt zu folgenden Fragestellungen im unternehmerischen Kontext:

> Wird ein Verlust angenommen, weil vorheriges Planen und damit verbundenes Nachdenken die schon längst gefällte Entscheidung, ein unternehmerisches Vorhaben einfach umzusetzen, in Frage stellen könnte? Wird die Beschäftigung mit Bedrohungen als zu bedrohlich eingeordnet und verdrängt?
> Wird der mögliche Gewinn aus einer Bewegung niedriger eingeschätzt als das weitere Verharren? Lieber eine bekannte, immer unbequemer werdende Lage, als ein Schritt in die unbekannte Zukunft? Erklärt dies, warum auch Strategen in der Politik, in Unternehmen, sogar ganze Branchen schwerfällig (re)agieren? Dominiert die Verlustaversion?

Es ist noch ein weiterer Aspekt zu berücksichtigen. Die Beschäftigung mit der Zukunft wird oft als zu mühsam angesehen. Die Gründe für die damit verbundene Ablehnung sind vielfältig wie beispielsweise die falsche Einstellung zur Planung oder die persönliche Überforderung durch die Anforderung der Abstraktion.

Dieses Gemisch wird zusätzlich durch Planungsgegner befeuert. Mit ihrer ablehnenden Haltung zur Planung relativeren sie deren Nutzen.

Im Laufe unserer empirischen Beobachtungen konnten wir in der Gruppe der Planungsgegner wiederum drei Untergruppen ausmachen, die wir wie folgt bezeichnen: „Planungsrelativierer" sowie „Überzeugte Gegner" und weiterhin „Erfolgreich Überlebende".

3.1.1 Planungsrelativierer

Zu den Planungsrelativierern zählen wir diejenigen, die die Botschaft verbreiten, dass auf Planung gut zu verzichten wäre, weil die unternehmerische Tätigkeit eine simple Angelegenheit sei. Damit wird unternehmerische Planung an sich diskreditiert und die Auseinandersetzung mit Bedrohungen sowie Chancen und Risiken als unwichtig dargestellt. Diese Botschaft wird von unterschiedlichen Akteuren vorgetragen, vor allem auf Messen und Veranstaltungen für Unternehmensgründer und Start-ups oder Blogs und Ratgeber im Internet. Dabei trifft die Botschaft meist ungefiltert und unkommentiert auf unerfahrene Entre- und Intrapreneure, zusätzlich wird sie unbedarft und kritiklos weiterverbreitet.

Was macht diese Botschaft so problematisch? Es sind weniger die dahinterstehenden Gedankenansätze, sondern vielmehr die Zielgruppen. Wenn diese Ansätze auf Unternehmen abzielen, die unter einem bürokratischen, verkrusteten Planungsverhalten leiden, könnten sie diese Überlegungen vielleicht zum Nachdenken bringen oder gar aufrütteln. Treffen solche Ansätze jedoch unreflektiert auf Unerfahrene, werden sie dort anders aufgefasst. Was bleibt bei ihnen haften?

Nachdenken lohnt nicht, du kannst die Zukunft nicht vorhersagen!
Suche nicht lange, nutze was du bei dir vorfindest!
Kümmere dich nicht groß um Prozesse!
Analysiere und plane nicht lange herum, starte einfach, du lernst anschließend!
Halte Investitionen und Kapital so niedrig wie du denkst!
So wirst erfolgreich!

Auf der Suche nach Sicherheit wird ihnen eine simple Wahrheit und vermeintliche Lösung angeboten; meist in einer Phase der Unsicherheit. Letztendlich fühlen sie sich bestärkt, nun einen einfachen Weg zum Erfolg gefunden zu haben.

Welche Rolle spielen die Planungsrelativierer in dieser Betrachtung? Voller Überzeugung tragen sie unkritisch diese Ansätze vor und stellen sie als allgemeingültige Regel dar. Womit sie auf bedenkliche Weise unrecht haben.

Dazu haben wir im Internet einige Themenbereiche aufgegriffen, die von Planungsrelativierern gerne als gesetzmäßig verbreitet werden und somit Widerstand gegen unternehmerische Planung auslösen. Es handelt sich dabei um einige Beispiele, keine wissenschaftliche, repräsentative Darstellung, sondern zur Sensibilisierung für die Thematik. Sie sollen zur weiterführenden, kritischen Diskussion anregen.

Beispiel 1: Zukunft schwer voraussagbar – kein fundierter Planungsprozess üblich?

> *„Erfahrene Entrepreneure sehen die Zukunft – vor allem mit neuen Produkten und in neuen Märkten – als nur schwer voraussagbar an und nutzen deshalb nur in geringem Maße einen fundierten Planungsprozess sowie Marktanalysen, wie sie im klassischen Management üblich sind." (Nörr 2018: 5).*

Solange ein mögliches Scheitern aus der „Portokasse" bestritten werden kann, gehen Erfahrene vielleicht so vor. Es ist komfortabel, „Spielgeld" für Neues zu haben. Aber wie viele erfahrene Investoren sind zu finden, die an eine neue Unternehmung in dem Maße glauben, dass sie unbegrenzt liquide Mittel nachschießen – ohne Analyse und fundierte Planung? Für die meisten Ideen ist diese Art von Investoren schwer zu finden. Bleibt die gute strategische Arbeit zu analysieren, sich mit dem Markt und seiner Idee im Vorfeld auseinandersetzen, um zu überzeugen.

Was können wir noch zu der Binsenweisheit „schwer vorhersagbare Zukunft" anmerken – wenn schon Perikles, der vor rund 2500 Jahren die Erkenntnis hatte „Wir können die Zukunft nicht vorhersagen, aber wir können uns mit ihr beschäftigen"? Wie geht man dann heute als Entrepreneur oder Intrapreneur mit dieser außerordentlichen Erkenntnis um, dass die Zukunft eben Zukunft ist und deshalb nicht voraussagbar ist? War es nicht schon immer das Los aller in Führungspositionen befindlichen Personen, sich mit der Zukunft auseinandersetzen und Entscheidungen treffen zu müssen, ohne die Zukunft zu kennen? Dies wird wohl so bleiben, solange es eine Zukunft gibt.

Beispiel 2: Konzentration auf eigene Interessen – vorhandene Ressourcen nutzen?

> *„Erfahrene Entrepreneure gestalten ihre Zukunft und somit den Erfolg ihres Unternehmens selbst, indem sie vorhandene Ressourcen gezielt nutzen und weiterentwickeln. Hierbei konzentrieren sie sich auf ihre eigenen Interessen, ihr aktuelles Wissen und ihre Netzwerke. (Nörr 2018: 5).*

Üblicherweise geht jeder Entrepreneur, erfahren oder unerfahren, von vorhandenen Ressourcen aus. Dies umfasst unter anderem das zur Verfügung stehende Kapital, wie auch Wissen und Fähigkeiten.

Wenn er die gegebenen Ressourcen als unverrückbaren Rahmen setzt, ordnet er unternehmerische Ziele diesen unter. Ausschließlich mit „vorhandenen Ressourcen" zu agieren, berücksichtigt nicht die Lücke zwischen „darüber verfüge ich" und den Anforderungen des Marktes an die Unternehmung, was die Akteure miteinschließt. Eine solche Lücke zu ignorieren, diese nicht zu hinterfragen und keine Lösung dafür zu berücksichtigen ist ein strategischer Fehler. Damit geht auch die Gefahr von Liquiditätsengpässen einher, wenn in der Realisierung unerwartet Kapital benötigt wird und weitere Ressourcen abfließen, um eine solche Lücke zu schließen. Schon eine einfache Analyse des Marktes könnte den Horizont erweitern und mögliche Bedrohungen und Risiken erkennen lassen. Diese Möglichkeit wird aber, wie wir im Beispiel A erkannt haben, von den „Erfahrenen" nur in geringem Maße genutzt.

Sich auf eigene Netzwerke zu konzentrieren und Ressourcen durch Kooperation und Co-Laboration zu schonen, sind uralte Strategien. Fehlende Ressourcen mit Partnerschaften zu decken, bietet durchaus Chancen – zum Beispiel schneller am Markt agieren, kapitalersetzende Zusammenarbeit, besseres Image, Wissen erweitern, Angebot vergrößern... u.v.m.

Diese Konstellation erhöht gleichzeitig auch die Abhängigkeit von Dritten und wirft Fragen auf – zum Beispiel welche Ziele hat der Partner, inwieweit sind die Ziele mit den eigenen deckungsgleich, stimmt der angedachte Zeithorizont überein, sind Hintergedanken zu erwarten, spielt noch jemand im Hintergrund mit und welche Interessen verfolgt dieser, wie groß sind die Abhängigkeiten und sind sie existenzgefährdend – und vor allem, kann Ersatz geschaffen werden, wie schnell und mit welchen Auswirkungen, z.B. auch auf die Liquidität?

Ohne partnerschaftliche Zusammenarbeit hätte es die Menschheit nicht bis in die Gegenwart geschafft. Das ist im Grunde nichts Neues. Aber erschließen sich dem Unerfahrenen schnell genug und notwendigerweise diese Facetten?

Beispiel 3: Zukunft schlecht vorhersehbar – andere Strategien notwendig?

> *„In der VUCA-Welt (volatile, uncertain, complex, ambigious) funktioniert das Grundprinzip ´Ziele setzen – planen – umsetzen´ nicht. Bei hoher Komplexität und schlechter Vorhersehbarkeit der Zukunft braucht es andere Strategien, um unternehmerisch zu gestalten" (https://www.controllerakademie.de 2021).*
> *„Mehrdeutigkeit. One fits all und best practice war gestern – selten ist etwas ganz eindeutig oder ganz exakt bestimmbar. Nicht nur schwarz und weiß, sondern auch bunt ist eine Option. Die Anforderungen an Organisationen und Führung von heute sind widersprüchlicher und paradoxer denn je und stellen das persönliche Wertesystem komplett auf die Probe. Das Was? tritt hinter dem Warum? und dem Wie? zurück. Entscheidungen fordern Mut, Bewusstheit und Fehlerfreudigkeit" (https://www.vuca-welt.de 2021).*

Denken wir einen Moment über die „Welt" nach. Ohne Zweifel hat die Digitalisierung eine beeindruckende Dynamik entfaltet – vergleichbar mit der durch den Buchdruck ausgelösten Medienrevolution, der industriellen Revolution und anderen disruptiven Veränderungen der Vergangenheit. Die Welt war schon immer dynamisch. Auch sollte der gefühlte Grad der Dynamik in Bezug auf die jeweilige Zeit und Weltsicht bezogen werden. Schon früher wurden Strukturen zerstört und Unternehmer mussten Veränderungen begegnen. Das unterscheidet gute von schlechten Strategen. Die Welt war also schon immer unsicher, komplex, unbeständig, mehrdeutig – und das wird sich zukünftig nicht verändern.

> *„Nach Ansicht einiger Führungskräfte und Unternehmensberatungen ist die Antwort auf VUCA wiederum VUCA. Dieses Mal stehen die Buchstaben für „vision" („Vision"), „understanding" („Verstehen"), „clarity" („Klarheit") und „agility" („Agilität"). Damit wird der negativen*

Sichtweise eine positive gegenübergestellt, wobei beiden eine gewisse Vereinfachung innewohnt" (https://wirtschaftslexikon.gabler.de 2021).

Beispiel 4: Learning-by-doing schlägt Planung?

> *„Der Lean-Startup-Ansatz beschreibt nämlich eine Unternehmensgründung oder auch einen Produkt-Launch ... Der Fokus liegt hierbei nicht etwa auf einer langen Vorab-Planung, sondern vielmehr auf Learning-by-doing durch das frühzeitige „An den Markt bringen" des Produktes oder der Dienstleistung."(https://www.businessinsider.de 2021).*

„Learning-by-doing im Markt" ist keine allgemeingültige Regel. Es gehört zum Repertoire eines Strategen – die Entscheidung dafür oder dagegen ist unter anderem von der jeweiligen Risikoeinschätzung abhängig. Handelt es sich beispielsweise um eine beliebte, gut eingeführte Eisdiele, die ein Sauerkrauteis als neue Produktvariante frühzeitig an den Markt bringt, um Kundenreaktionen darauf zu testen, ist das Risiko wahrscheinlich relativ niedrig. Handelt es sich um das vorzeitige an den Markt bringen eines Passierflugzeuges und das Vertrauen der Ingenieure auf „Learning-by-doing im Markt", ist dies möglicherweise eine eher beunruhigende Vorgehensweise. Gleiches gilt auch für Softwareentwicklung: hier eine Spiele-App, dort die Software für ein Atomkraftwerk. Wird die Entscheidung für „Learning-by-doing im Markt" von einem „jungen" Unternehmen gefällt, welches noch keine feste Marktposition hat, noch keine Reputation oder Kundentreue entwickeln konnte, kann eine Fehleinschätzung die Unternehmung aus der Bahn werfen. Ein gut eingeführtes Unternehmen kann einen Fehlschlag vielleicht eher wegstecken – die Wirkung ist ebenfalls abhängig von der Reaktion des Marktes.

Zum strategischen Repertoire gehören des Weiteren auch Testmärkte zum jeweils richtigen Zeitpunkt – vor einem angedachten Markteintritt – sowie die Kunden- und Lieferantenintegration zum Beispiel im Rahmen einer Produktentwicklung. Die Einbeziehung Dritter ist üblich und gängige Vorgehensweise, um beispielsweise die Marktfähigkeit eines Angebotes zu ermitteln oder die Marktreife zu beschleunigen. In diesem Zusammenhang müssen sich Erfahrene wie Unerfahrene einige Fragen stellen wie beispielsweise: Mit welchem Reifegrad findet die Markteinführung statt und wie viel Zeit lässt mir der Markt zum Lernen? Oder alternativ: nicht lange planen, dafür frühzeitig am Markt vertreten sein und auf Learning-by-doing setzen – wie viel Fehlschlag kann ich mir leisten und was kann dies bedeuten? Dies kann Schäden wie Reputationsverlust und Ressourcenvernichtung nach sich ziehen bis hin um Teil- oder Totalverlust einer Unternehmung.

Solche Aspekte werden bereits in der konzeptionellen Beschäftigung mit einer unternehmerischen Idee abgewogen. Dabei reifen in diesem Prozess Erkenntnisse (learning) und es werden laufend unternehmerische Entscheidungen getroffen (doing) – bis hin zur Entscheidung STOP | OR | GO. Learning-by-doing kann demnach schon auf dem Papier stattfinden – nicht erst im Markt.

Beispiel 5: Mit möglichst wenig Kapital erfolgreich?

> *„Das bedeutet, dass es im Lean-Startup darum geht, mit möglichst wenig Kapital ..., ein erfolgreiches Unternehmen aufzubauen. Hierbei kommt es vor allem darauf an, nicht lange zu konzipieren, sondern so schnell wie möglich einen Prototypen oder eine Beta-Version auf den Markt zu bringen." (https://www.businessinsider.de 2021).*

Es klingt bestechend und ist die Sehnsucht aller: mit möglichst wenig Kapital, schnell erfolgreich. Interessanter entspricht es gleichzeitig dem ökonomischen Grundprinzip. Solange die sogenannte „betriebswirtschaftliche Weltformel" gilt [Umsatz - Kosten = Gewinn vor Steuern], überrascht diese Erkenntnis nicht. Die Botschaft „möglichst wenig Kapital" enthält in ihrer Einfachheit Wahres und ignoriert gleichzeitig Wesentliches. Dargestellt als undifferenzierte Regel für unternehmerische Ideen aller Art, trifft sie als gefährliche Halbwahrheit auch auf Unerfahrene. Und was heißt „möglichst wenig Kapital"? Erfährt man den notwendigen Kapitalbedarf erst während der Umsetzung einer unternehmerischen Idee? Und was geschieht dann?

Diese Fragen weisen auf einen wesentlichen Gefahrenbereich hin: Allgemein sind Liquiditätsengpässe von existenzieller Bedeutung, vor allem beim Start neuer unternehmerischer Vorhaben. Wenn erst während der Umsetzung einer Idee der Kapitalbedarf beschrieben wird, sind Liquiditätsengpässe vorprogrammiert. Zudem sind Finanzgeber jeglicher Couleur in Momenten einer Liquiditätskrise einer Unternehmung meist nicht bereit, weiteres Kapital zuzuführen.

Welche Aspekte verschweigt die reduzierte Botschaft „möglichst wenig Kapital"?

Erstens: Eines der größten Probleme unternehmerischer Vorhaben ist die Unterkapitalisierung.

Zweitens: Ist es sinnvoll, ein Vorhaben dogmatisch mit „möglichst wenig Kapital" auszustatten und es somit in seiner Handlungsfähigkeit künstlich einzuengen? Knappe Ressourcen erzeugen Druck, diese zielsicher einsetzen zu müssen. Es setzt also voraus, dass man schon zu Beginn genau weiß was man tut und Ressourcen nicht voreilig verbraucht, die dann an anderer Stelle fehlen.

Drittens: Aus den eigenen Zielen und den Anforderungen des Marktes ergibt sich der Kapitalbedarf eines Vorhabens. Er sollte angemessen gedeckt sein. Um den möglichen Kapitalbedarf zu optimieren, sind an die Modifikation der Idee sowie der Durchführung zu denken.

Viertens: Sinnvollerweise stellt sich der Stratege schon vor der Umsetzung die Frage, ob das notwendige Kapital für das Vorhaben aufgebracht werden kann. Damit verbunden ist die Frage, ob er persönlich das Risiko tragen möchte. Seiner Einschätzung entsprechend kann auch ein STOP als unternehmerische Entscheidung angemessen sein.

Nur wer die Anforderungen und den daraus resultierenden Kapitalbedarf kennt, kann auch einschätzen was wenig Kapital ist. Dazu braucht es Anhaltspunkte. Es bietet sich also an, all dies in angebrachter Ruhe vor einer möglichen Umsetzung zu durchdenken. Dafür wird nur geringe Zeit benötigt. Sie ist im Verhältnis des Zeitaufwandes und auch der Kosten zu sehen, die ein mögliches Scheitern mit sich bringt.

3.1.2 Überzeugte Gegner

Woran erkennt man den überzeugten Gegner? Hierzu haben wir über Jahre Statements von Planungsgegnern gesammelt – so kann jeder für sich selbst einen Test durchführen und prüfen, ob er sich gegebenenfalls doch mehr dieser Gruppe zugehörig fühlt.

- „Ach, das ist doch der Blick in die Glaskugel."
- „Orakel! Delphi!"
- „Ist ja nur was für große Unternehmen."
- „Lotterie!"
- „Schau´n mer mal, dann seh´n wir schon."
- „Spielerei!"
- „Alles Unsinn – ich bin realistisch!"
- „Das ist alles schwammig."
- „Wer weiß schon, was in der Zukunft passiert ..."
- „Elfenbeinturm!"
- „Wenn es soweit ist, dann ..."
- „Phantasiegespinst!"
- „Wunschkonzert!"
- „Das ist doch aus der Luft gegriffen!"
- „Haben wir schon immer so gemacht."
- „Ich bin Arzt und kein Unternehmer, der planen muss."
- „Hirngespinst!"
- „Das ist doch alles Theorie! In der Praxis ist alles anders."
- „Vermutungen!"
- „Kann man ja nicht planen."
- „Utopie!"
- „Wenn Kunden da sind, dann entscheide ich!"
- „Das ist doch ins Blaue geschossen."
- „Unrealistisch!"
- „Kann ich, weiß ich, mache alles selbst."
- „Das ist doch alles hellseherisch ...!"
- „Spekulation!"
- „Soll ich in die Sterne gucken?"
- „Wunschdenken!"
- „Hokuspokus!"
- „Ich habe BWL studiert. Die Planung habe ich im Kopf."
- „Fiktion!"
- „Für was braucht man Ziele? Besser schnell in den Markt, um zu sehen, ob es funktioniert."
- „Spinnerei!"
- „Das kriegen wir schon hin."
- „Das bedeutet, im Trüben zu fischen."
- „Kaffeesatzlesen!"
- „Die Zahlen sind ja aus dem Hut gezaubert!"
- „Ist doch alles vom Glück abhängig."
- „Prinzip Hoffnung!"
- „Sind wir hier bei ´Wünsch Dir was´?"
- „Planung??? Ich bin eher ein Mann des Handelns, ich lerne beim Tun!"
- „Heute sind die Zeiten so dynamisch, dass Planung keinen Sinn mehr macht!"
- „Planung ist eine Wette auf die Zukunft!"

Abbildung 33: Statements

Haben Sie mindestens ein Statement bejaht oder gar mehreren zugestimmt? Dann dürfte Ihre Einstellung wohl tatsächlich eher zu den Planungsgegnern tendieren. Trotzdem sollten Sie weiterlesen. Vielleicht schaffen wir es noch Sie zu überzeugen!

Dazu ist es hilfreich zu reflektieren und zu überlegen, woher diese Einstellung kommt. In den Gesprächen mit Planungsgegnern haben sich im Schwerpunkt folgende Gründe herauskristallisiert, die eine ausgeprägte Abwehrhaltung gegenüber dem Akt der Planung erkennen lassen:

- Es handelt es sich um langjährige Opfer bürokratischer Planung in etablierten Unternehmen.
- Es ist die Angst Ziele zu setzen, mit Unsicherheiten behaftete Entscheidungen für die Zukunft treffen zu müssen und dafür verantwortlich gemacht zu werden.
- Planungsgegner glauben tatsächlich daran und sind davon sehr betroffen, dass die Zukunft gerade jetzt, in ihrer heutigen Zeit nicht vorhersehbar ist bzw. haben den seit Anbeginn der Welt geltenden

Grundsatz der Nichtvorhersehbarkeit der Zukunft noch nicht strategisch reflektiert.
- Sie sind einfach nicht oder noch nicht für ein Nachdenken auf der strategischen Ebene entwickelt und verlangen nach der sofortigen Umsetzung, um in der Realität zu lernen. Untergangsszenarien sind nicht Teil ihrer Wahrnehmung. Dafür sind bei einem Niedergang gerne die anderen schuld.
- Es besteht die Angst, es könnte sich ein Widerspruch gegenüber der unternehmerischen Idee auftun.
- Das Gefühl „extrem schnell sein zu müssen" überwiegt, sodass für eine Planung anscheinend keine Zeit bleibt. Der Prozess stört, der Jagdinstinkt ist geweckt, der Blick ist getunnelt, um unbedingt ein gesetztes Ziel zu erreichen.

In einem gewissen Maße ist es skurril in Gesprächen immer wieder festzustellen, dass ein Planungsgegner trotz Ablehnung der Planung und Zielsetzung ein unternehmerisches und ein persönliches Ziel hat, wenn er unternehmerisch tätig werden will: Die Performance der Unternehmung soll ein positives Ergebnis ausweisen und den Strategen mindestens ernähren können oder gar reich werden lassen.

3.1.3 Erfolgreich Überlebende

„Erfolgreich Überlebende" sind immer wieder zu erleben – meist auf einer Bühne im Zusammenhang mit Veranstaltungen zur Gründung. „Ich habe es ohne Planung geschafft", so die begeisterte Aussage. Warum wird dies so betont? Hat es etwas von falsch verstandenem Heldentum?

Die dabei nie thematisierten Fragen sind nämlich:

- Wie viele Ressourcen hätten durch die Kenntniss der typischen, statistisch belegten unternehmerischen Fehler eingespart und somit gewinnbringend(er) oder liquiditätsschonend(er) eingesetzt werden können,
- um wie viel schneller und einfacher wären sie erfolgreich gewesen,

wenn sie sich im Vorfeld nur etwas Zeit für eine fundierte strategische Auseinandersetzung mit der Zukunft genommen hätten?

3.2 Planungsbefürworter

Die „Planungsbefürworter" stehen einer unternehmerischen Planung grundsätzlich positiv gegenüber. Sie haben jedoch unterschiedliche Gründe dafür oder gehen verschieden mit der Zukunft um. Hier unterscheiden wir Planungsforderer, Planungsbürokraten und Zukunftsreflektierte.

3.2.1 Planungsforderer

Zu den Planungsforderern zählen wir vor allem Banken oder Risikokapitalgeber. Sie fordern Businesspläne, um die Entscheidung treffen zu können, ob sie Unternehmungen finanziell begleiten wollen oder nicht.

Als Hilfestellung für Gründer und Unternehmer geben sie teilweise Vorlagen – landläufig als Businessplanstruktur bezeichnet – an die Hand, die eine Darstellung des unternehmerischen Vorhabens und der Kompetenzen des dafür Verantwortlichen erleichtern sollen. Diese Vorlagen sind im Aufbau aus der Perspektive des Finanzgebers strukturiert, um sich selbst die Entscheidungsfindung für oder gegen eine Finanzierung zu vereinfachen.

3.2.2 Planungsbürokraten

Als Planungsbürokraten definieren wir die Gruppe, die Planung als formalen, bürokratisch gleichbleibend wiederkehrenden Akt versteht. Zwei Planungsansätze weisen beispielhaft auf ihre Existenz hin – der Stereotype Ansatz oder der Budget-Ansatz.

Stereotyper Ansatz

Verbirgt sich hinter der Vorgabe: „Im nächsten Jahr machen wir X% mehr Umsatz!" die Idee des „Top-down/Bottom-up-Ansatzes" und wird der Auseinandersetzung durch Zuhören und Respekt entsprechend Raum geschaffen? Dann ist sie gut geeignet, Ziele, die damit verbundenen Aktivitäten und deren Wirksamkeiten zu diskutieren, Risiken und Chancen zu erkennen und fundierte strategische Entscheidungen herbeizuführen.

Leider wird diese gegenläufige Diskussion in der Praxis oftmals außer Kraft gesetzt. Die Gründe können beispielsweise sein, dass die Unternehmenskultur keinen Widerspruch duldet, die Leitungsebene und operative Ebene – trotz

„Lean" – kulturell, sozial oder inhaltlich zu weit voneinander entfernt sind, die operative Ebene „es schon richten wird" oder die Kultur des Zuhörens und des Respektes einfach verloren gegangen ist.

In diesem Fall verkümmert eine gute Vorgehensweise zur Planungsstereotype, anstatt dass man gemeinsam darum ringt, welche Aktivitäten die Wirksamkeiten entfalten, die zu den angestrebten X% mehr Umsatz in Y Monaten führen könnten. Diesbezügliche Fragestellungen können sein, ob die Preise erhöht, die Konditionen verbessert, ob neue Zielgruppen mit dem bestehenden Angebot oder neue Märkte erschlossen werden sollen oder inwieweit neue Produkte den angestrebten Umsatz erzielen können. Weiterhin ist zu überlegen, inwieweit die Aktivitäten am Markt überhaupt durchsetzbar sind, welche Ressourcen dafür benötigt werden und ob die Vorgehensweise ökonomisch sinnvoll ist.

Budget-Ansatz

„X% vom Umsatz nutzen wir für die Vermarktung" steht für den Ansatz dieser Vertreter. „Weil es in der Branche so üblich ist" oder „das war schon in den vergangenen Jahren so" sind Antworten, die beim Hinterfragen dieses Ansatzes oftmals als schlagende Argumente gegeben werden.

Einige kritische Fragen hierzu, um für die Risiken dieses Ansatzes zu sensibilisieren:

- Bleibt der Markt auch künftig ohne Veränderung?
- Handelt es sich um etablierte Produkte ohne Veränderungen?
- Sind die Prozesse standardisiert und bleiben stabil?
- Verhalten sich die Zielgruppen weiterhin wie gewohnt?

Was, wenn der Markt sich verändert?

- Bringen Konkurrenten Innovationen auf den Markt?
- Beeinflussen externe Einflüsse das Marktgeschehen?

Was, wenn sich die Unternehmung bewegen muss?

- Müssen Potenziale erschlossen werden?
- Muss mehr für die Sicherung der Unternehmung getan werden?
- Ist eine Krise abzusehen?

Die Zuteilung von Budgets unter dem Motto der Üblichkeit und ohne die Auseinandersetzung mit Wirksamkeiten angedachter Aktivitäten in Bezug auf Ziel, Markt und Zeit sind deshalb kritisch, weil sie erheblichen Einfluss auf die Handlungsfähigkeit der Unternehmung haben können. Es besteht durchgängig die

Gefahr der Unter- oder der Überfinanzierung, wovon die Unterfinanzierung die größere Gefahr darstellt. „Schon immer so" oder Fortschreibung sind überdenkenswerte Gewohnheiten, wenn der Markt dynamisch ist und der Kunde den Engpass darstellt.

3.2.3 Zukunftsreflektierte

Als Zukunftsreflektierte bezeichnen wir die Gruppe der Strategen mit einer positiven Einstellung zur Planung.

Sie planen effizient und verstehen diesen Prozess als schöpferische Gestaltung, als Modellierung eines Angebots für den Markt, als Zeit des Nachdenkens zur Entwicklung der eigenen Fähigkeiten, ihres Wissens und ihrer Wahrnehmung.

Sie nutzen ihn, um die Anforderungen des Marktes zu verstehen und zu berücksichtigen und letztendlich eine gute unternehmerische Entscheidung für oder gegen das Vorhaben zu fällen – und es im Falle einer Realisierung besser steuern zu können.

3.3 Das falsche Image der Planung

Da sitzt der „kleine Planungsgegner" im Ohr des „Strategen" und flüstert ihm ein: „Warum mache ich das überhaupt, es ist alles umsonst, es trifft ja doch nicht ein, ach, die Welt ist so unbeständig ... ich muss Annahmen treffen und trotzdem in der Gegenwart für die Zukunft entscheiden." So wird der „Stratege" Opfer des falschen Images einer Planung und kann den Nutzen nicht erkennen. Wenn überhaupt, wird er einer „Planung" mit Ablehnung und nur wenig Motivation begegnen. Die Reputation der Planung wird dadurch von mehreren Aspekten beeinflusst, die meist mit Negativem verbunden werden:

- Die Annahme, dass Planung ein ausschließlich **bürokratischer Akt** ist, sich statisch verhält und sinnlos ist, weil Zukunft nicht vorhersehbar ist.
- Der **Glaube**, dass eine fundierte Planung mehr zeitliche Ressourcen verbrauchen würde als die ungeplante Umsetzung – ohne dabei den Aufwand zu bedenken, der durch mögliche Konsequenzen daraus verursacht wird.

- Die empfundenen **Mühen**, die mit einer Planung einhergehen und der **Zwang** nachvollziehbare Entscheidungen treffen zu müssen.
- Die **Überforderung** im Umgang mit Unsicherheiten sowie hinsichtlich ökonomischer **Anforderungen**.
- Die **Angst** vor dem Widerspruch gegen die „eigene tolle Idee" – die Entscheidung dafür ist eigentlich schon getroffen.

Unsere empirischen Beobachtungen weisen darauf hin, dass nicht die Planung an sich das Problem ist, sondern der Stratege selbst und seine Einstellung zur Planung. Welche Haltung ist damit verbunden? So zitieren Planungsgegner gerne mit einem süffisantem Lächeln einen der folgenden Aussprüche, um ihr vermeintlich besseres Können zu untermauern:

„Planung bedeutet,
den Zufall durch den Irrtum zu ersetzen."
Peter Ustinov

„Ja, mach nur einen Plan, sei nur ein großes Licht
und mach dann noch ´nen zweiten Plan
geh´n tun sie beide nicht."
Bertolt Brecht, Dreigroschenoper

Durch ihren generalistischen Bezug zum Leben verfügen beide Zitate natürlich über einen gewissen Wahrheitsgehalt, differenzieren aber nicht zwischen den Unterschieden einer allgemeinen Lebensweisheit und risikobehafteten unternehmerischen Entscheidungen.

Ein erfahrener Stratege weiß darum und akzeptiert es: Die Planung wird nicht exakt so eintreffen wie gedacht. Der abgeklärte Umgang damit macht den Strategen aus. Er versteht sie zukunftsorientiert und hat die Bedeutung der Planung und ihren Nutzen erkannt. Einige Vorteile sind offensichtlich:

- **Horizont:** Schon die gedankliche Auseinandersetzung mit einem unternehmerischen Vorhaben verbessert die Wahrnehmung und erweitert den Horizont.

- **Bildung:** Auch wenn die Entscheidung gegen das Vorhaben fallen sollte, bringt die Beschäftigung damit und die Reflexionen den Strategen weiter – Planung bildet.
- **Risiko:** Sind Aktivitäten mit Risiken verbunden, und das liegt im Wesen unternehmerischer Vorhaben, ist eine vorherige fundierte Einschätzung sinnvoll. Je knapper die eigenen Ressourcen sind, um so empfehlenswerter ist es, über deren Einsatz und ihre Wirksamkeiten nachgedacht zu haben.
- **Klarheit:** In den Phasen bis zur unternehmerischen Entscheidung gilt: „Der beste Stratege hat eine Strategie". Dies ist dann die Basis für die zu fällende Entscheidung STOP | OR | GO, ob das Vorhaben weiterverfolgt werden soll oder nicht. Im Gegensatz dazu gilt für die Phase der Realisierung: „Der beste Stratege hat keine Strategie". Er versteht die Zielsetzung als Orientierung und den Weg dahin als anpassbar, wie er gegebenenfalls das Ziel korrigieren muss oder selbst dann noch zur Entscheidung kommen kann, die Unternehmung zu stoppen.
- **Kalkül:** Die gedankliche Beschäftigung im Vorfeld einer möglichen Umsetzung mit Zukunft, Fehlern und möglichen konzeptionellen Varianten unterstützt den Strategen im späteren Umgang mit Veränderungen. Die intensive Auseinandersetzung mit der unternehmerischen Idee dient daher auch dem Vermeiden von Panik – einer der gefährlichsten Momente.
- **Intuition:** Intuition wird durch Erlebtes und Erlerntes beeinflusst. Die Auseinandersetzung in der Konzeption verbindet Intuition und Reflexion. Dies führt dazu, dass betriebswirtschaftliche Intuition in der Planungs- und einer möglichen Realisierungsphase entwickelt und gestärkt, aber auch selbstkritisch überprüft wird.
- **Fähigkeiten:** Unterschiedliche Fähigkeiten des Strategen (und seines Teams) werden im Strategischen Prozess und Didaktischen Prozess geweckt, entwickelt und gestärkt. Die erworbenen Fähigkeiten unterstützen in Konzeption, Entscheidung und Steuerung.

Auf solche Vorteile wird verzichtet. Die negative Einstellung zur Planung führt zu einer Barriere, die den Freiraum *neu zu denken* letztendlich reduziert. Dieser „Stratege" verzichtet darauf, möglicherweise mehr wahrzunehmen als seine Konkurrenten – das ist weder klug noch strategisch.

3.4 Halten wir fest ...

Planungswiderstände führen meist dazu, dass eine Auseinandersetzung mit einem unternehmerischen Vorhaben im Vorfeld nur oberflächlich oder gar nicht betrieben wird. Dies führt dazu, (un)wissentlich Wissen klein, den Horizont eng, die eigenen Fähigkeiten gering zu halten und *Neues Denken* insgesamt einzuschränken.

Auch nach vielen Beobachtungen, Diskussionen und Überlegungen ist nicht so recht klar, wer einen Nutzen davon hat, nicht zu planen – die Konkurrenz einmal ausgenommen. Jedoch sind Gründe für Widerstände zu erkennen. Sie resultieren aus einer Fehleinschätzung der unternehmerischen Planung. Die Ursachen dafür liegen beispielsweise in fehlendem ökonomischem Wissen, oft auch erweitert um die Einschätzung, dass der Planungsprozess bis zu einer fundierten Entscheidung eine „Ewigkeit" dauern wird. Eine weitere Ursache stellt Hast dar, also eine eher negative strategische Eigenschaft, wie auch einfaches Unvermögen, sich auf die Mühen *Neuen Denkens* und eines dynamischen Planungsprozesses einzulassen.

Diese Ursachen führen auch dazu, sich von einer sofortigen Umsetzung – nicht zu verwechseln mit der strategischen Entscheidung schnell und flexibel zu handeln – und einem gleichzeitigen Verzicht auf eine fundierte Planung außerordentliche Vorteile zu versprechen. Hier fehlt jedoch meist die Auseinandersetzung mit der Frage, um wie viel größer der daraus resultierende Gewinn eingeschätzt wird. Auf jeden Fall ist das Risiko größer, dass notwendige Ressourcen unterschätzt oder falsch eingesetzt und so nicht nur die erhofften Vorteile verspielt werden.

Sind alleine das nicht schon genügend Gründe, sich mit unternehmerischen Ideen im Vorfeld adäquat zu beschäftigen und sich die Zeit zu nehmen, wesentliche Lücken zu erkennen und zu schließen? Um es nochmals zu verdeutlichen, nutzen wir eine Analogie und fragen uns, was Sportler so tun und warum.

Warum verlassen sich Sportler nicht einfach auf ihr einmaliges Talent und nehmen untrainiert an Spielen oder Wettkämpfen teil? Setzen sie auf ihr Glück, dass die anderen ausnahmslos schlechter sind? Ein solches Verhalten erinnert an die Einstellung der Planungsgegner.

Warum trainieren Sportler vor einem entscheidenden Wettkampf, vor einem wichtigen Spiel? Wieso setzen sich Sportler Ziele? Warum lernen sie Spielzüge und Ressourcen gezielt einzusetzen? Warum bereiten sie sich mental vor, denken über ihre Konkurrenten, deren Ausstattung, Stärken und Schwächen nach? Warum setzen sie sich mit dem Wettkampfort auseinander? Warum wärmen sie ihre Muskeln vorher auf?

Das Training eines Sportlers ist vergleichbar mit dem unternehmerischen Planen des Strategen. Beide möchten erfolgreich sein. Warum ist Planung Training? Es geht darum, die Anforderungen und seine eigenen Fähigkeiten zu kennen, die eigenen Potenziale permanent weiter zu entwickeln und die angedachte Unternehmung zukunftsfähig zu machen.

4. Statistik für Planungsindifferente

Schwerpunkte dieses Kapitels

Ein kurzer statistischer Blickwinkel auf unternehmerische Planung

- Macht Planung vielleicht doch erfolgreicher?
- Besser mit den Entscheidungsoptionen STOP | OR | GO?

Wer kein unternehmerisches Vorhaben verantwortet, kann indifferent bleiben. Doch diejenigen, die ein Vorhaben verfolgen, stehen letztendlich vor zwei Alternativen: Entweder sie folgen den Planungsbefürwortern oder sie schließen sich den Planungsgegnern an. Um den bisher immer noch Planungsindifferenten weitere Entscheidungshilfen zu geben, beschäftigen wir uns in diesem Kapitel mit zwei Statistiken. Dabei geht es um folgende Fragestellungen.

Die erste Statistik setzt sich damit auseinander, ob ein unternehmerisches Vorhaben mit oder ohne Planung erfolgreicher ist. Hierzu gibt es eine Untersuchung aus dem Jahr 2017. Die zweite Statistik beschäftigt sich mit den drei unternehmerischen Entscheidungsoptionen STOP | OR | GO. Hierzu haben wir aus bisherigen Evaluationen zwei Vergleichsgruppen aus den Zeiträumen 2006 bis 2007 sowie 2015 bis 2021 herangezogen.

4.1 Erfolgreicher mit oder ohne Planung?

Mit dieser Frage beschäftigte sich eine Studie, die unter dem Titel „Are Formal Planners More Likely To Achieve New Venture Viability? A Counterfactual Model And Analysis", die im Februar 2017 veröffentlicht wurde. Sie weist eine Gesamtstichprobe von 1.088 Gründern aus.

Die Studie fragt, ob Gründer, die formelle Businesspläne schreiben, eine höhere Chance haben, dass ihr Unternehmen Rentabilität erreicht. Dies ist wichtig, weil es trotz der Popularität von Businessplänen eine Debatte über deren Nützlichkeit gibt. Die Untersuchung kommt zu folgendem Schluss:

> *„Unsere Schlüsselerkenntnis für die Strategie- und Entrepreneurship-Forschung ist, dass es sich auszahlt zu planen. Die Ergebnisse zeigen einen positiven Einfluss einer Unternehmensplanung auf die Rentabilität von 10 – 15 Prozentpunkten" (Greene/Hopp 2017: 51).*

4.2 Besser mit STOP | OR | GO ?

Aus den uns vorliegenden Evaluationen haben wir zwei Vergleichsgruppen ausgewählt, die beide nach der Methode White Strategy gearbeitet und das dazugehörige Instrumentarium CONCEPTEM eingesetzt haben. Hierbei handelte es sich um angehende Entrepreneure, die ihre unternehmerische Idee auf den Prüfstand stellten, um eine eigenständige Entscheidung dafür oder dagegen herbeizuführen.

Die erste Gruppe mit 95 Teilnehmer/innen wurde im Zeitraum 2006 bis 2007 bei ihrer Entscheidungsfindung begleitet, die zweite im Zeitraum 2015 bis 2021 mit 378 Teilnehmer/innen. Die unternehmerischen Ideen beider Vergleichsgruppen waren in unterschiedlichen Branchen angesiedelt.

Interessant ist die prozentuale Verteilung der Eigeneinschätzung durch die Teilnehmer/innen sowie die nahezu gleichgebliebenen Relationen der getroffenen Entscheidungen beider Gruppen, obwohl die herangezogenen Evaluationen rund zehn Jahre auseinander liegen:

In beiden Gruppen sprachen sich rund ¼ mit einem STOP gegen die Umsetzung ihrer Idee aus oder entschieden sich für die Option OR. Rund ¾ entschieden sich für ein GO, also die Umsetzung des unternehmerischen Vorhabens.

Persönliche und unternehmerische Entscheidungen	**2006 – 2007**	**2015 – 2021**
STOP / RISIKEN oder **OR** / VERÄNDERN	26,3%	27,8%
GO / CHANCEN	73,7%	72,2%
Gesamt	**100%**	**100%**
N =	**95**	**378**

Wie sieht es speziell in der Gruppe aus, die sich gegen die Weiterverfolgung ihres Vorhabens entschieden hat? Werden aufgrund dessen Methode und Instrumentarium abgelehnt?

Obwohl sich rund ein Viertel beider Vergleichsgruppen gänzlich oder nur vorläufig gegen eine Realisierung ihrer Idee entschieden haben, wurde der gesamte Prozess als positiv eingestuft – wie die Weiterempfehlungsquote von 100% bzw. knapp 100% aufzeigt.

Weiterempfehlungsquote	**2006 – 2007**	**2015 – 2021**
Ja	95,8%	95,2%
Ja, aber unter veränderten Voraussetzungen	4,2%	4,5%
Nein	0,0%	0,3%
Gesamt	**100%**	**100%**
N =	**95**	**378**

Erfolgreich mit oder ohne Planung? Selbstverständlich geht es auch ohne. Jedoch zeigt nicht nur die zitierte Untersuchung Vorteile auf, sich mit einer unternehmerischen Idee im Vorfeld tiefergehend zu beschäftigen.

Besser eine bewusste unternehmerische Entscheidung herbeiführen oder eher nicht? Der Moment der Entscheidung ist von grundsätzlicher Bedeutung. Um diese Entscheidung fundiert treffen zu können, benötigt der Stratege Klarheit über die Anforderungen, die sich aus Markt und Zielsetzung ableiten. Diese Klarheit führt weiterhin zu einem bewussten sowie positiven Umgang mit den Entscheidungsoptionen STOP | OR | GO, selbst wenn er sich aufgrund der erkannten Anforderungen gegen die unternehmerische Idee entscheidet.

STOP = POSITIV

Der Stratege fällt nach entsprechender Vorbereitung und Reflexion seine Entscheidung bewusst gegen das Vorhaben. Ressourcen können anderweitig genutzt werden.

OR = POSITIV

Schwachstellen wurden frühzeitig erkannt, die das Vorhaben oder den Strategen betreffen. Ressourcen können nun angepasst und zielgerichtet eingesetzt werden, um danach erneut eine STOP | OR | GO Entscheidung treffen zu können.

GO = POSITIV

Der Plan bietet dem Strategen trotz seines Wissens darüber, dass er nicht genau so eintreffen wird wie angedacht, eine wichtige Orientierungs- und Steuerungshilfe für die Zukunft. Vor allem hat der Planungsprozess nicht nur die Chance der Unternehmung bei der Realisierung erhöht, sondern auch die Wahrnehmung des Strategen verbessert und seinen Horizont erweitert.

5. Konstellationen für Neues Denken

Schwerpunkte dieses Kapitels

Menschen und Ideen, Ideen und Menschen

- Welche Aufgabenstellungen deckt die Methode ab?
- Wie wirkt die Konstellationen der Beteiligten?
- Was bewirken zusätzliche Impulse?
- Welche Führungsvarianten sind zu beobachten?

Die White Strategy ermöglicht es, zwei unterschiedliche Aufgabenstellungen zu verfolgen:

- Unternehmerische Ideen bewerten *und dabei persönliche Fähigkeiten entwickeln*
- Persönliche Fähigkeiten entwickeln *und dabei unternehmerische Ideen bewerten*

Bei beiden Zielsetzungen ist eine unternehmerische Idee das zentrale und verbindende Element zwischen den Beteiligten.

Unternehmerische Ideen bewerten *und dabei persönliche Fähigkeiten entwickeln*

Liegt der Fokus auf einer realen Idee, so bedeutet dies, im Strategischen Prozess die Zukunft einer unternehmerischen Idee zu gestalten, um zu einer guten Entscheidung für oder gegen das Vorhaben zu kommen. Wie wir beobachtet und als Didaktischen Prozess beschrieben haben, hat der Vorgang Auswirkungen auf den Strategen – sein Wissen, sein Verhalten, seine Fähigkeiten. Dies bildet ein immaterielles Kapital, von dem er und jede unternehmerische Idee profitiert, ob sie nun neu gedacht oder in der Umsetzung gesteuert wird.

Persönliche Fähigkeiten entwickeln *und dabei unternehmerische Ideen bewerten*

Wird statt einer realen Idee die Entwicklung der Fähigkeiten der Beteiligten in den Vordergrund gestellt, steht der Didaktische Prozess der White Strategy im Fokus. Dazu wird eine unternehmerische Idee als Motivatorin genutzt, wobei es nicht entscheidend ist, ob es sich um eine reale oder fiktive Idee handelt.

Jedoch spielt die Zusammenstellung der Beteiligten eine wichtige Rolle, da sich Rückwirkungen auf das Verhalten ergeben können. Daher wird auch die Kombination von Individuen als methodisches Element genutzt, um den Entwicklungsprozess der Fähigkeiten und des Verhaltens zusätzlich zu unterstützen. Über viele Jahre haben wir Konstellationen herbeigeführt und beobachtet: Im Grunde fremde Menschen, die über die Idee eine Gemeinsamkeit erkennen und sich auf Grund dessen engagieren, arbeiten anhand der Methode effizienz- und entscheidungsorientiert, entdecken neue Perspektiven und eignen sich Fähigkeiten an.

5.1 Konstellationen von Ideen und Personen

Eine unternehmerische Idee ist meist mit einer oder mehreren Personen verbunden. Hierbei sind verschiedene Konstellationen erkennbar, die auch in der methodischen Arbeit mit der White Strategy genutzt werden.

Die kleinste Einheit bildet eine Person mit einer eigenen unternehmerischen Idee[1^1].

Eine Variante besteht ebenfalls aus einer Idee, die von mehreren Personen verfolgt wird. In der methodischen Arbeit gehen wir von einer optimalen Gruppengröße von bis zu vier Personen aus [4^1].

Eine andere Konstellation ergibt sich aus mehreren Personen mit jeweils einer eigenen unternehmerischen Idee. Sie ist hier beispielhaft als [4^4] dargestellt, wurde aber auch schon mit wesentlich mehr Personen/Ideen umgesetzt.

Abbildung 34: Beispiele für Konstellationen von Ideen und Beteiligten

5.1.1 Team

Als Team bezeichnen wir die Erweiterung einer der aufgezeigten Konstellationen um einen zertifizierten Coach. Jeder Coach verfügt über Methodenkompetenz sowie über Authentizität aufgrund der Erfahrungen als Intra- und Entrepreneur. Abhängig von der Anzahl der Ideen und der damit verbundenen Personen wird die Anzahl der Coaches angepasst, um eine entsprechende Betreuungsqualität zu sichern.

Die Zusammenarbeit im Team wechselt zwischen Eigenarbeit und Austausch, indem Reflexion und Diskussion erfolgen. Wichtig ist dabei das Bewusstsein, wer die unternehmerischen Entscheidungen trifft, wem die Chancen und Risiken zufallen – jeder Stratege ist für sein Handeln selbst verantwortlich.

5.1.2 Einsatzbereich [1^1) – die kleinste Einheit

Intensives Einzelcoaching von – angehenden oder schon im Markt aktiven – Entrepreneuren und Intrapreneuren, bezeichnen wir als »StrategieDialog«. In diesem werden reale unternehmerische Ideen *neu gedacht* und ausgestaltet.

5.1.3 Einsatzbereich [4^1) – Gruppe mit einer Idee

Unsere empirischen Beobachtungen zeigen, dass die jeweilige Konstellation der Beteiligten Einfluss auf die Ergebnisse haben kann. Auch ist zu erkennen, dass sich Entrepreneurship und Intrapreneurship in mehreren Punkten unterscheiden.

Handelt es sich um Entrepreneure, beispielsweise um ein Start-up bei dem sich Menschen zusammenfinden, die ein gemeinsames Ziel verfolgen, so wollen sie an einem Strang ziehen. Hier zeigt sich jetzt ein weiterer Vorteil der Methode – die Beteiligten können schon im Vorfeld einer Umsetzung erkennen und einschätzen, ob sie auch in einer möglichen Realisierungsphase des Vorhabens zusammenwirken können. Sinnvollerweise geschieht dies bevor in der Umsetzung bisher nicht ausgeräumte oder neue Konflikte entstehen. Denn dort wird der Druck höher und der Gegenwind schärfer.

Wie sieht es dagegen in einem Unternehmen aus? Welche Situationen sind hier anzutreffen?

Auch der Intrapreneur umgibt sich mit Menschen bzw. Verbündeten, die an eine Idee glauben. Somit ähnelt die Vorgehensweise von Intrapreneuren in gewissem Maße dem vorab beschriebenen Verhalten von Entrepreneuren.

> *Hier ein wunderbares Beispiel von 3M: „Silver hatte sogenannte Mikrosphären entdeckt, durch die Klebstoffe ihre Hafteigenschaften behalten, sich aber aufgrund ihrer speziellen Beschaffenheit leicht von Oberflächen lösen lassen.*
> *Silver suchte einige Jahre vergeblich nach einer Einsatzmöglichkeit für seine Erfindung. Aber das hielt ihn nicht davon ab, die Vorteile seinen Kollegen anzupreisen. „Weil ich einfach nicht locker ließ, nannten mich viele schon „Mr. Persisent". Art Fry, ein weiterer Wissenschaftler bei 3M, war gerade ziemlich genervt. Er markierte jeden Mittwochabend während der Probe im Kirchenchor mit kleinen Papierstreifen im Gesangbuch die Kirchenlieder, die im nächsten Gottesdienst gesungen werden sollten. Am Sonntag waren sie jedoch schon alle wieder herausgefallen. Er benötigte ein Lesezeichen, das auf dem Papier haften würde, ohne die Seiten zu beschädigen. Da kam ihm sein Seminar zu den Mikrosphären von Dr. Silver wieder in den Sinn, das bei ihm für das entscheidende Aha-Erlebnis sorgte. „Das mit dem Adrenalinschub".*
> *Gemeinsam mit Dr. Silver begab er sich an die Entwicklung eines neuen Produkts. Als sie anfingen, im Büro Mitteilungen auf die neuen Haftnotizen zu schreiben, wurde ihnen das Potenzial dieser neuen Idee bewusst …" (https://www.3mdeutschland.de/3M/de 2021).*
> *Vergleichbar, so erzählten ehemalige Mitarbeiter des Spezialglasherstellers SCHOTT in Mainz, entwickelte sich CERAN®. Auch hier suchte ein Intrapreneur Verbündete, da die Idee auf Glas zu Kochen im Unternehmen (noch) nicht die notwendige Zustimmung erfuhr.*
> *Heute ist die Glaskeramik nicht mehr aus der Küche wegzudenken, wie auf der Webseite von SCHOTT zu lesen ist: „1971 stellte SCHOTT unter der Marke SCHOTT CERAN® die ersten schwarzen Glaskeramik-Kochflächen vor und löste so eine Revolution in der Küche aus. Schnell entwickelte sich SCHOTT CERAN® zu einem Weltbestseller, der sich inzwischen über 180 Millionen Mal verkauft und unsere Geschichte maßgeblich geprägt hat. Dieser Erfolg spornt uns an, unserer Tradition treu zu bleiben und die Technologie permanent zu verbessern. Auf Basis langjähriger Erfahrung. Mit allen Freiheiten im Denken, aber keinerlei Kompromissen in der Qualität" (https://www.schott-ceran.com 2021).*

Eine etwas andere Situation ergibt sich in einem hierarchischen Projekt innerhalb einer Organisation. In vielen Fällen werden dazu einzelne Mitarbeiterinnen und Mitarbeiter ausgewählt und für das Projekt ganz oder teilweise abgestellt (die Mehrdeutigkeit des Begriffs „abgestellt" weist schon sprachlich auf mögliche Probleme hin). Die Kriterien der Auswahl können unter anderem von abteilungsinternen Zielen oder Restriktionen beeinflusst sein. Inwieweit sich in einer solchen Gruppierung dann tatsächlich Intrapreneure mit dem nötigen Freiraum wiederfinden, ist damit eher fraglich.

Es ist weiterhin zu beobachten, dass eine freie Wahl einer Gruppierung dazu führt, dass sich instinktiv diejenigen Personen zusammenfinden, die schon wissen, dass sie sich gut verstehen. Sie denken in ähnlichen Kategorien, geben sich auch eher recht. Daraus können sich Vorteile ergeben. Soll beispielsweise ein Projekt möglichst effizient zum Ziel geführt werden, kann eine solche homogene Gruppe sehr wirksam sein.

Soll dagegen *neues Denken* angeregt werden, ist eine gewisse Heterogenität empfehlenswert. Um Unterschiede gezielt zusammenzubringen haben wir einen offensiven Weg mit verschiedenen Schwerpunkten gewählt. In Unternehmen geht es um Intrapreneurship, in Hochschulen geht es mit gleicher Gewichtung um Entre- und Intrapreneurship.

In beiden Fällen setzen wir auf die bewusste Verbindung von Gegensätzen durch eine gemeinsame Aufgabe. Der Gewinn liegt darin, gegenseitigen Respekt vor dem jeweils anderen zu schaffen und einen weitaus größeren Raum für *Neues Denken* zu bekommen. Für die Zusammenstellung der Beteiligten bieten sich folgende Kriterien an, die auch kombiniert anwendbar sind:

- **Interdisziplinär** Üblicherweise sind in den verschiedenen Funktionen einer Organisation typische Vertreterinnen und Vertreter mit den jeweiligen Denkweisen und Einstellungen zu finden. Diese Verschiedenheit wird genutzt, indem sie ihr jeweiliges Wissen, ihre Fähigkeiten, ihre Perspektiven einbringen.
- **Interkulturell** Hierbei muss es sich nicht immer um ein internationales Projekt handeln, auch national können unterschiedliche kulturelle Einflüsse genutzt werden. Entsprechendes gilt für die Kombination externer und interner Mitglieder.
- **Demografisch** Einerseits ein unverstellter Blick, Enthusiasmus, die unbewusste „Arroganz der Jugend" (in diesem Fall unbedingt positiv zu verstehen), andererseits Erfahrungen (auch in der Wiederkehr schon erlebter Muster, nun in einer anderen Zeit) befruchten einan-

der wechselseitig in der gemeinsamen Suche nach Lösungen. Diese Konstellation bietet die Gelegenheit zum gegenseitigen Lernen und lebendigen Wissenstransfer mit hohem Ertrag für beide Seiten – und für das Unternehmen.

- **Genderkulturell** Eine geschlechtergemischte Gruppe ermöglicht, die unterschiedlichen Fähigkeiten und daraus resultierenden Perspektiven zu nutzen.

Beispiel Hochschulen

Ziele Beim Einsatz der Methode White Strategy an der Hochschule steht die Entwicklung der Fähigkeiten der Studierenden im Vordergrund. An der Hochschule Mainz erfolgt dies unter dem Begriff »BusinessPlanning« und in mehreren Vorlesungen pro Semester mit dem Einsatz des Instrumentariums CONCEPTEM. Das methodisch-didaktische Konzept ist darauf ausgerichtet, Anforderungen des Entrepreneurships und Intrapreneurships selbst zu erfahren und zu erleben. Dieser Ansatz ist von Bedeutung, um die Bedürfnisse der Vollzeit- wie auch der berufsintegrierenden Studierenden abzudecken. Gleichzeitig erfolgt eine praxisorientierte Querschnittsfunktion über bisherige Studieninhalte, um theoretisches Wissen anzuwenden*.

Ideenfindung Die unternehmerische Idee dient methodisch als Motivatorin und ist gleichzeitig Kristallisationspunkt. Deshalb werden die Studierenden im Vorfeld der Vorlesung mit der Bitte kontaktiert, sich über eine unternehmerische Idee Gedanken zu machen, die sie in der Vorlesung konzeptionell entwickeln sollen. Die Idee kann fiktiv oder real sein, wobei im Laufe einer Vorlesung aus fiktiven Ideen auch schon reale geworden sind.

Gruppierung Um Heterogenität zu erreichen werden drei bis vier Studierende nach unterschiedlichen Kriterien in einer Gruppe zusammengeführt. Jede dieser Gruppen hat nun die Aufgabe, sich auf eine unternehmerische Idee zu einigen, die sie dann gemeinsam verfolgen, bewerten und zur Entscheidung führen. Abschließend stellt jede Gruppe ihre unternehmerische Entscheidung in einer 10minütigen Präsentation dar und verteidigt die Entscheidung vor einem Gremium. Die maximal zwölf Gruppen werden von zwei komplementär ausgerichteten Coaches betreut.

* *Konzeptionelles Arbeiten zur Herbeiführung einer unternehmerischen Entscheidung ist als theoretischer Bestandteil der unternehmerischen Praxis zu verstehen. Gleiches gilt für konzeptionelles Arbeiten in der Umsetzung.*

Beispiel Unternehmen

Für Unternehmen wurde mit »PotenzialTage« ein Format entwickelt, das zur Förderung von Innovation und neuem Denken die Bereiche Personal und Produkt kombiniert.

Die dadurch erzeugte Parallelität ermöglicht Fähigkeiten zu stärken und zu entwickeln, das Denken in Innovation zu fördern und gleichzeitig unternehmerische Ideen des Unternehmens markt-, effizienz- und entscheidungsorientiert zu durchdenken. Dazu werden marktrelevante unternehmerische Ideen aus dem Unternehmen genutzt, die beispielsweise aus F&E, aus dem betrieblichen Vorschlagswesen, dem Innovationsmanagement, dem Produktmanagement stammen können. Es kann sich aber auch um definierte Suchfelder handeln. Diese Ideen werden von den unternehmensinternen Gruppen im Rahmen der Personalentwicklung konzeptioniert, bewertet und abschließend die unternehmerische Empfehlung präsentiert.

5.1.4 Einsatzbereich [4^4) – mehrere Personen mit jeweils einer eigenen Idee

Die Unterstützung von angehenden Entrepreneuren findet im »GründerCockpit« statt. Hier werden Gründungswillige einzeln oder als Gruppe zusammengeführt, die dann ihre jeweilige unternehmerische Idee entwickeln. Jede Person und jede Gruppe verfolgen somit ihre eigene Idee parallel mit weiteren Teilnehmern, betreut durch Coaches. Dabei wird das Lernen von anderen, Co-Laboration, Kooperation und Vernetzung zusätzlich unterstützt. Auch für die Entwicklung künftiger Intrapreneure wird diese Konstellation angewandt, wobei reale wie auch fiktive Ideen bearbeitet werden können.

5.2 Konstellationen von Impulsen

Steht die Vermittlung von Wissen und Fähigkeiten im Vordergrund, werden zusätzlich zu den Impulsen durch die Coaches weitere Impulse gesetzt. Sie orientieren sich am Strategischen Prozess und werden von Referentinnen und Referenten geleistet, die ihr spezifisches Wissen zuführen. Jeder Impuls wird themenorientiert eingesetzt und zwar dann, wenn das entsprechende Modul bearbeitet wird, also die „Betroffenheit“ der Teilnehmer am höchsten ist. Die themenorientieren Impulse machen beispielsweise bewusst, welche unterschiedlichen Funktionen für eine Unternehmung relevant sein können, lassen die Wichtigkeit aller Funktionen erkennen und heben damit die gegenseitige Wertschätzung. Weiterhin werden unterschiedliche Denkhaltungen, Einstellungen und Arbeitsweisen der Funktionen wahrgenommen. Dies sind allesamt wichtige Aspekte, um Vorurteile abzubauen, die *Neues Denken* erschweren.

Je nach Einsatzgebiet ergeben sich weitere Nutzen aus den Impulsen. An der Hochschule werden Facetten der Berufsfelder »Abhängige Beschäftigung« und »Selbstständige Tätigkeit« besser wahrgenommen, wie auch deren Breite und Tiefe. Weitere Vorteile ergeben sich aus der möglichen Vernetzung der Studierenden mit den Referentinnen und Referenten. In einem Unternehmen können durch die Impulse Abteilungsschranken geöffnet, Wissen lebendig gemacht und dabei transferiert werden.

Insgesamt besteht der methodische Vorteil der Impulse darin, ein intensiveres Denkklima durch den Gedankenaustausch von Menschen mit ähnlichen Zielen und Fragestellungen zu erzeugen.

5.3 Konstellationen „treibender Kräfte“

Wie oft haben wir es schon gehört – wenn es heißt „man könnte“, „man sollte“, „man müsste“ ist klar, dass wahrscheinlich nichts geschieht. Werden Ideen jedoch verwirklicht, ist etwas anderes zu beobachten.

Jede Idee hat ihre treibende Kraft, sozusagen einen eigenen »Motor«. Meist handelt die- oder derjenige als Motor, der die unternehmerische Idee eingebracht hat oder auch eine andere Person, die das Potenzial dieser Idee ebenfalls positiv einschätzt. Der Motor macht das Thema zu seinem eigenen, behält die Übersicht, treibt voran, motiviert, begeistert – und führt, oftmals mehr mit Charme als zwingend aufgrund einer hierarchischen Stellung.

Nicht unbedingt erkennt der Motor schon zu Beginn, welche Fähigkeiten von ihm gefordert werden, welche Anforderungen sich ergeben. Er muss beispielsweise als „Übersetzer“ zwischen beteiligten Personen fungieren, ihre unterschiedlichen Kulturen, Sprachen und Ansichten verstehen, also vermittelnd Menschen und Themen zusammenführen. Auf dem konzeptionellen Weg von der Idee zur Unternehmung kann die Führung im Laufe des Prozesses auch wechseln. Dieser Wechsel und das damit verbundene temporäre Führen von

Gruppenmitgliedern ergibt sich gegebenenfalls aus den Anforderungen und dann vor allem aus der Fähigkeit der treibenden Kraft, Führung abzugeben.

Führung zu verändern, möglicherweise auch ein grundsätzlicher Wechsel der bisher Beteiligten ist zu thematisieren, wenn das Vorhaben tatsächlich weiter in die Realisierung geführt wird. Denn es besteht keine Gesetzmäßigkeit darin, dass der bisherige Motor über die notwendigen Fähigkeiten verfügt, die für die Führung und Steuerung einer Unternehmung in der Umsetzung relevant sind. Aus der jedoch meist unterstellten Gesetzmäßigkeit „wer die unternehmerische Idee hatte, ist auch ein guter Unternehmer" folgt, dass die Notwendigkeit nicht erkannt wird, sich auf die neuen Anforderungen vorzubereiten.

Der beste Schiffsbauer
ist nicht zwangsläufig der beste Kapitän.

aus: Perspektiven, CONCEPTEMverlag©

Für die Phase der Realisierung einer unternehmerischen Idee ist ein anderer Maßstab gültig. Die Entscheidung für die treibenden Kräfte, die eine Unternehmung zielorientiert in der Umsetzung führen und steuern sollen, sind an den Anforderungen des Marktes und den gesetzten Zielen auszurichten.

Neues Denken. Immer wieder aufs Neue eine Herausforderung.

Wir haben über unsere empirischen Beobachtungen in den verschiedenen Einsatzgebieten der Methode White Strategy im Coaching und in Seminaren bis hin zu Vorlesungen sowie über unsere Erkenntnisse aus Evaluationen und Untersuchungen berichtet. Dabei haben wir versucht, mit Ihnen gemeinsam diverse Perspektiven auf Neues Denken einzunehmen, um unterschiedliche Herausforderungen zu betrachten.

Nach mehr als 30 Jahren intensiver Auseinandersetzung mit Planungsverhalten, unternehmerischer Entscheidungsfindung und Verhalten in Unternehmensphasen und -situationen, die sich in unseren beiden Büchern „Scheitern ist scheiße" und „White Strategy" niedergeschlagen haben, ist folgendes zu konstatieren: Welche Märkte sich auch entwickeln, welche unternehmerische Ideen und Geschäftsmodelle entstehen, welche Managementideen vielleicht gerade im Trend sind – es gibt doch eine Konstante: den Menschen, also wir selbst mit all unseren Stärken und Schwächen. Darauf wurde die Methode

White Strategy und das dazugehörige Instrumentarium mit seinem »Didaktischen Prozess« ausgelegt. Dieser unterstützt dabei, persönliche unternehmerische Stärken zu fördern und Schwächen entgegenzuwirken. Zu den Schwächen gehören beispielsweise auch kognitive Verzerrungen und fehlende Objektivität – beides Größen, die auf die Qualität unternehmerischer Entscheidungen wesentlichen Einfluss nehmen. Parallel dazu leitet das Instrumentarium im »Strategischen Prozess« von der meist noch diffusen unternehmerischen Idee durch die Konzeptionierung des Vorhabens, zu dessen Bewertung bis hin zur Entscheidung und bietet damit zusätzlich die Grundlage für nachfolgende Phasen.

Worin die Kunst besteht? Sagen wir es einmal so: Die Kunst, unternehmerische Zukunft neu zu denken, besteht unter anderem darin, sich selbst zurückzunehmen und der unternehmerischen Idee den Vortritt zu lassen.

6. Begriffe der White Strategy

A

Aktionen siehe: Aktivitätenebenen

Aktivitäten Die angedachten Aktivitäten eines unternehmerischen Vorhabens, wie Produkt- und Sortimentspolitik, Preispolitik, Beschaffung, Vermarktung, Logistik, Services und die Organisation, dienen, direkt oder indirekt, vorrangig dem Ansinnen, Umsatz zu erzielen. Gleichzeitig kosten diese Aktivitäten Ressourcen wie zum Beispiel Kapital, Managementkapazität, Zeit und – oft nicht bedacht – mentalen Einsatz.

Aktivitäten im Kontext

Sinnvollerweise werden Aktivitäten hinsichtlich ihrer Wirksamkeiten zur Umsatzerzielung ausgewählt. Daraus ergibt sich, dass die gewählten Aktivitäten den Dreh- und Angelpunkt zwischen Umsatz und Kosten darstellen und diese in einer Schicksalsgemeinschaft vereinen. Es spielt dabei keine Rolle, ob sich die unternehmerische Idee in der Konzeptionsphase oder in der Realisierungsphase befindet.

Ist die Konzeption für die Idee fertig erarbeitet und wird als plausibel erachtet, kann üblicherweise eine Harmonie* in der Relation von Umsatz und Kosten festgestellt werden. Aus jeder Umgestaltung ergibt sich eine neue Relation, wenn Aktivitäten und damit die Wirksamkeiten verändert werden. Aus diesem Grund sollte weder die Kostenseite noch die Umsatzseite isoliert abgeändert werden. Vielmehr muss das verbindende Element diskutiert werden, nämlich die jeweilige Aktivität, was gleichermaßen Rückschluss auf Kosten, Umsatz – und gegebenenfalls Zeit – zulässt.

Häufig findet diese Diskussion gar nicht oder nicht in ausreichendem Maß statt. Bekannte Beispiele aus der Praxis sind „Cost-Cutting“, oft als einseitiges Beschneiden der Kosten durchgeführt, das „künstliche Tiefstapeln oder Aufblähen von Kosten“, bevorzugt eingesetzt bei politisch beeinflussten Projekten. Auch auf der Umsatzseite ist Einflussnahme auf Entscheidungen durch ein künstliches Aufblähen oder Tiefstapeln zu beobachten.

**Anmerkung: Diese Harmonie ist unabhängig davon, ob Gewinn oder Verlust ausgewiesen wird oder beispielsweise der Kapitalbedarf die eigenen Vorstellungen überschreitet.*

Ein etwas anders gelagertes Beispiel ist das gängige „Puffern". In diesem Zusammenhang wird meist geäußert: „Lass' uns die Kosten lieber etwas höher ansetzen – falls Unerwartetes geschieht ... die Umsätze sollten besser nach unten korrigieren werden – falls sie sich nicht wie angenommen entwickeln, kommen wir nicht unter Druck!"

Im Ergebnis wird die Planung verschleiert, ist nicht nachvollziehbar und in seiner Extremform dadurch sinnlos. Trotzdem werden auf Grund solcher Planungen immer wieder wichtige unternehmerische Entscheidungen getroffen. Nach unseren Beobachtungen wird es teilweise bewusst, gezielt eingesetzt, jedoch findet es meist instinktiv mit einer gewissen Unwissenheit und häufig aus Vorsicht statt.

Werden finanzielle Puffer als notwendig erachtet, sind diese abschließend für das gesamte Vorhaben zu entscheiden (siehe auch „Auseinandersetzung mit Liquidität in vier Schritten").

s.a. Aktivitätenebenen; Dynamische Umsatzplanung, Puffer

Aktivitätenebenen: Wir unterscheiden drei Ebenen von Aktivitäten:

Die Aktivitätenebene 1 beschreibt die betrieblichen Funktionen innerhalb der Organisation des Vorhabens. Sie werden anhand der Zielvorstellung des Strategen und den Anforderungen des Marktes bestimmt und können intern (Stratege, Mitarbeiter) oder extern (Partner) besetzt werden. Mit den damit verbundenen Entscheidungen ordnet der Stratege den jeweils ausgewählten Funktionsbereichen gleichzeitig entsprechende Wirksamkeiten im Einzelnen und in ihrer Gesamtheit zu.

Die Aktivitätenebene 2 bezieht sich auf die Maßnahmen. Auf dieser Ebene werden den ausgewählten Funktionen einzelne Maßnahmen oder Maßnahmenbündel zugeordnet. Die Gesamtheit der Maßnahmen soll die Zielerreichung sicherstellen. Auch hier gilt, dass der Stratege der jeweils ausgewählten Maßnahme oder den Maßnahmenbündeln gleichzeitig entsprechende Wirksamkeiten im Einzelnen und in ihrer Gesamtheit zuspricht.

Die Aktivitätenebene 3 umfasst die angedachten Aktionen, womit die weitere Konkretisierung in den jeweiligen Maßnahmenbereichen gemeint ist. Für jede Maßnahme ist letztendlich eine spezifische Ausgestaltung notwendig. Unter dem Gesichtspunkt der Effizienz wägt der Stratege ab und entscheidet, zu welchem Zeitpunkt welcher Schritt und in welcher Tiefe gegangen wird.

B

BCM siehe: Business Concept Management

Betriebswirtschaftliche Intuition Der Begriff ist im Zuge zahlreicher kontroverser Diskussionen mit verschiedenen Gruppen entstanden – vom zahlenorientierten BWLer bis hin zum zahlenablehnenden Künstler. Daraus ergaben sich zwei Positionen, die jede für sich betrachtet als nicht zielführend eingestuft werden können.

Betriebswirtschaft wird sehr oft und ausschließlich mit Zahlen gleichgesetzt. Da sich aber die Zahlen aus der Idee und aus der dafür entwickelten Konzeption ergeben, und diese umgekehrt das Vorhaben oder später die Unternehmung erklären – sonst wäre eine Steuerung kaum möglich – erfasst eine solche Einschätzung nicht die tatsächlichen Anforderungen.

Intuition wird unter anderem als nicht vom Verstand geleitete Entscheidung verstanden, die auf dem Bauchgefühl beruht. In der Welt der Zahlenmenschen wird der Bauch als Entscheidungspartner des Verstandes oft ausgeblendet. Gleichzeitig wird in unserer Gesellschaft aber auch unterstellt, dass „jeder Unternehmer kann" und deshalb eine gute Intuition genügt, um als solcher erfolgreich zu sein. Auch diese beiden Einschätzungen erfassen nicht die tatsächlichen Anforderungen.

Mit dem Begriff »Betriebswirtschaftliche Intuition« thematisieren wir, dass *Neues Denken* und die damit verbundene Auseinandersetzung mit der Zukunft durch den Strategen den bewussten Umgang mit unterschiedlichen Facetten und Kombinationen verlangt: Bauch und Verstand, Kreativität und Ratio, Emotion und Besonnenheit.

Er muss mit Annahmen und Einschätzungen strategisch umgehen können, was ihm eine gehörige Portion Intuition abverlangt. Nicht zu unterschätzen ist, dass die Qualität der Intuition in hohem Maße auch von seinem Wissen und Horizont, seiner Wahrnehmung und Fähigkeiten abhängig ist. Über diese Einschränkung ist sich der Stratege bewusst und entwickelt seine unternehmerische Idee strukturiert weiter, um eben dieser Einschränkung entgegen zu wirken. Er muss weiterhin die qualitative Beschreibung des unternehmerischen Vorhabens in Zahlen codieren und nun auch in dieser Dimension einschätzen und bewerten können.

Und er muss letztendlich eine unternehmerische und persönliche Entscheidung treffen, die neben der Einschätzung der Plausibilität auch durch Intuition geprägt ist. Kurz: Der Stratege benötigt „betriebswirtschaftliche Intuition".

Bias Blind Spot Der Bias Blind Spot ist gewissermaßen der „schlimmste" aller Verhaltenseffekte. Er wird auch als Verzerrungsblindheit, introspektive Illusion oder Bias Bias bezeichnet. Gemeint ist damit eine Selbsttäuschung aufgrund der Annahme, dass verzerrende Verhaltenseffekte zwar existieren, aber nur alle anderen Marktteilnehmer diesen ausgesetzt sind. Man glaubt also, selbst eine Ausnahme zu sein und nicht diesen Effekten zu unterliegen. Genau das ist aber ein Trugschluss. Entscheidend beim Bias Blind Spot ist also, dass wir unsere eigenen Einschätzungen als objektiv beurteilen und glauben, weniger als andere von verzerrenden Verhaltenseffekten betroffen zu sein. Gleichzeitig sind wir schnell dabei, solche Verhaltenseffekte bei anderen Menschen oder am Markt zu diagnostizieren. Diese Perspektive ist positiv für unser Selbstvertrauen, aber führt genau deshalb zur Blindheit gegenüber verzerrenden Verhaltenseffekten wie etwa der Selbstüberschätzung, die wir dann nicht erkennen. Eine gesunde Grundannahme ist, dass wir Menschen letztlich alle sehr ähnlich funktionieren, vor allem in Extremsituationen. Und diese treten in Form von Euphorie und Panik an den Märkten immer wieder auf. Zum Teil auch deshalb, weil jeder denkt, er wäre davon nicht betroffen (bevor er während einer Rallye selbst aus Gier kauft und bei einem Crash aus Angst verkauft). Genau aus diesem Grund gibt es die typischen Verhaltenseffekte schließlich – weil eben tatsächlich jeder für sich mehr oder weniger stark davon betroffen ist. Eine Möglichkeit, sich des Bias Blind Spots bewusst zu werden, ist, sich selbst in bestimmten Situationen gedanklich von außen zu betrachten. Aus dieser Perspektive sehen wir uns selbst eher wie einen Fremden, bei dem plötzlich auch bestimmte Verhaltenseisen erkennbar sind, die wir von innen heraus nicht wahrgenommen hätten (tradercampus, 2021).

Siehe auch: Confirmation Bias; Duning-Kruger-Effekt

Business Concept Management (BCM) stellt den konzeptionellen Prozess dar, wie eine Idee zur Entscheidung und weiter in die planmäßige Umsetzung geführt wird. Der Regelkreis visualisiert die notwendige planerische Leistung und den Entscheidungsbedarf in unterschiedlichen Prozessabschnitten. Er stellt die entscheidende Frage STOP | OR | GO in den Mittelpunkt und zeigt weitere Entscheidungspunkte auf, um die jeweils zu treffende unternehmerische Entscheidung zu konkretisieren und die damit verbundene Tragweite bewusst zu machen.

Der Regelkreis besteht aus den drei Phasen „Unternehmerische Konzeption“, „Geschäftsplanung“ und „Umsetzung/Steuerung“. Der Übergang der einzelnen Phasen ist durch die drei Entscheidungspunkte »Unternehmerische Idee«, STOP | OR | GO und START gekennzeichnet. Die Entscheidungsoption OR führt zu einem konzeptionellen Rückschluss von dem Entscheidungspunkt STOP | OR | GO zurück zum Entscheidungspunkt IDEE. Diese wird dann ganz oder in Teilbereichen neu überdacht.

Businessplan Der Businessplan erklärt Externen die Strategie und stellt die Fähigkeiten der Organisation dar. Er geht auf die speziellen Anforderungen potenzieller Geldgeber oder Partner ein und dient somit der Kommunikation mit Dritten. Es empfiehlt sich daher, den Businessplan spezifisch auf die Anforderungen der jeweiligen Adressaten auszurichten.

Businessplan im Kontext

Der Begriff „Businessplan“ wird im deutschen Sprachgebrauch meist mit zwei weiteren Bezeichnungen gleichgesetzt: Unternehmenskonzeption und Geschäftsplan. Die fehlende Differenzierung berücksichtigt nicht die unterschiedlichen Arbeitsschritte und Reifephasen einer unternehmerischen Idee. Die bewusste inhaltliche Unterscheidung dieser drei Begriffe erleichtert den Umgang mit einer unternehmerischen Idee und trägt den unterschiedlichen Anforderungen Rechnung. Der Businessplan wird erst nach der unternehmerischen Entscheidung STOP | OR | GO erstellt und nur, wenn die Entscheidung GO lautet und Externe für das Vorhaben gewonnen werden sollen. In diesem Fall wird er aus dem internen »Geschäftsplan« abgeleitet, dessen Grundlage wiederum die Unternehmenskonzeption (»Unternehmerische Konzeption«) ist.

Siehe auch: Geschäftsplan; Unternehmerische Konzeption

C

Codieren Mit »Codieren« bezeichnen wir eine Transformation, die die Umwandlung der qualitativ beschriebenen Aktivitäten in Zahlen darstellt. Sie startet mit Überlegungen zur Vermarktung und basiert auf der Zuordnung von Ursache und Wirkung. Die Umsatzerzielung wird damit zum Ausgangspunkt, die Kosten folgen nach. Die Tätigkeit wird auch deshalb als »Codieren« bezeichnet, weil der Stratege „seine“ Zahlen auch wieder decodieren, also entschlüsseln können muss. Somit kann er die Zahlen sich selbst gegenüber erklären, um entscheiden und steuern zu können, aber auch seinem Team und Dritten gegenüber, die beabsichtigen sich in oder mit der Unternehmung zu engagieren.

„Man kann die Ideen, wie sie in unserem Geiste und in der Natur sich kundgeben, sehr treffend durch Zahlen bezeichnen: aber die Zahl bleibt doch immer das Zeichen der Idee, nicht die Idee selber" (Heine 1887: 88).

siehe auch: Transformation

Co-Laboration Unterschiedliche Akteure verfolgen ein gemeinsames Ziel. Dadurch motiviert sind sie bereit entsprechenden Input zu leisten, um zu einem gemeinsamen Output zu kommen.

Wir haben uns entschieden die Schreibweise »Co-Laboration« zu verwenden, da die Schreibweise „Kollaboration" in unserem Sozialisierungsraum auch negative Assoziationen wachruft.

Siehe auch: Kooperation; Komplementäre Organisation

CONCEPTEM® Um den Prozess des *Neu-Denkens* im Rahmen der White Strategy strukturiert zu gestalten, wurde ein passendes Instrumentarium methodisch-didaktisch entwickelt. Es basiert auf dem Regelkreis »Business Concept Management«. Als Strategiesystem konzipiert leitet es den Strategen schrittweise und strukturiert durch die marktorientierte Entwicklung der unternehmerischen Idee. Dazu gehört die Einschätzung der Idee auf Marktfähigkeit, die ökonomische Bewertung der Strategie und die unternehmerische Entscheidung für oder gegen das unternehmerische Vorhaben. Unterstützt wird diese Vorgehensweise durch den »Strategischen Prozess«, der dem Strategiesystem zu Grunde liegt, um die unternehmerische Idee zu entwickeln, sowie durch den dadurch aktivierten »Didaktischen Prozess«, der auf die persönliche Entwicklung des Strategen oder eines Teams zielt.

Siehe auch: Strategischer Prozess und Didaktischer Prozess

Confirmation Bias Der Begriff Bestätigungsfehler, Bestätigungs-Irrtum, Bestätigungstendenz bzw. confirmation bias bezeichnet in der Kognitionspsychologie die Neigung von Menschen, Informationen so auszuwählen, zu suchen und zu interpretieren, dass diese die eigenen Erwartungen bestätigen. Dabei werden Informationen ausgeblendet, die eigene Erwartungen widerlegen könnten, sodass man einer Selbsttäuschung oder einem Selbstbetrug erliegt. Dieser Confirmation Bias bewirkt etwa bei Entscheidungen, dass man nur nach jenen Gründen sucht, die die eigene Entscheidung bestätigen. Der confirmation bias ist ein wesentlicher Aspekt der selektiven Wahrnehmung. (Stangl, 2021).

Siehe auch: Bias Blind Spot; Duning-Kruger-Effekt

D

Didaktischer Prozess siehe: Strategischer Prozess und Didaktischer Prozess

Duning-Kruger-Effekt Veröffentlicht haben David Dunning und Justin Kruger ihre Arbeit dazu im Jahr 1999. Den beiden US-amerikanischen Psychologen war in einigen ihrer vorherigen Studien aufgefallen, dass Unwissenheit offenbar oft zu mehr Selbstvertrauen führt als Wissen. Um ihre Vermutung zu untermauern, befragten sie Studierende der Cornell University (New York) zu ihrer Selbsteinschätzung im logischen Denken oder Grammatik.
Edward Nuhfer (Philosophie) und Steven Fleisher (Psychologie) von der California State University kritisierten in ihrer Studie aus dem Jahr 2017 den von Dunning und Kruger hergestellten Zusammenhang zwischen Intelligenz, Bildung, Selbstreflexion und Selbsteinschätzung. Der Grund dafür, dass besser gebildete Menschen ihre Fähigkeiten besser einschätzen könnten, läge darin „dass Fachleute geübt darin sind, sich der Grenzen ihres Wissens bewusst zu werden", formulieren die beiden Wissenschaftler. Um einer möglichen Reflexionsfalle in der Selbsteinschätzung zu entkommen, gibt es laut Dunning und Kruger konkrete Möglichkeiten. Die beiden Forscher gehen davon aus, dass Wissenserwerb die Kompetenz steigert und damit der Ignoranz entgegenwirkt. Ein anerkanntes Modell für die Kompetenzentwicklung haben die beiden US-Wissenschaftler Stuart und Hubert Dreyfus im Jahr 1980 veröffentlicht. Darin beschreiben sie die „mentalen Aktivitäten zum Erwerb von Fertigkeiten" in fünf Stufen als

- Anfänger
- Fortgeschrittener
- Kompetenter
- Versierter
- Experte

Ihr Fazit: Einsteiger gehen mit Respekt an eine Sache heran und Halb-Anfänger neigen dazu, sich zu überschätzen und sich für Experten zu halten. Das hat tatsächlich schon der englische Dichter Alexander Pope (1688-1744) auf den Punkt gebracht: „A little learning is a dangerous thing." (Geo, 2021).

Siehe auch: Bias Blind Spot; Confirmation Bias

Dynamische Umsatzplanung Der Umsatz steht im Fokus der Betrachtung, denn alle Aktivitäten werden darauf ausgerichtet, Umsätze zu erzielen. Die

Bezeichnung „dynamisch“ bezieht sich

- auf den Umgang mit den Wechselbeziehungen und Kräften zwischen der unternehmerischen Zielsetzung,
- den Aktivitäten und deren Wirksamkeiten,
- deren Rückwirkung auf den Markt und
- der daraus resultierenden Harmonie oder Disharmonie zwischen Umsatz und Kosten.

E

Effizienzgedanke Die White Strategy berücksichtigt den effizienten Einsatz der Ressourcen Zeit- und Arbeitseinsatz sowie Budget, um zu einer ersten unternehmerischen Entscheidungsfindung für oder gegen eine unternehmerische Idee zu kommen.

Entrepreneur Dazu zählen wir den/die klassische/n Unternehmer*in und Gründungswillige

Siehe auch: Gründungswillige; Intrapreneur

Entrepreneurship-Darwinismus greift den in der Biologie als Darwinismus bezeichneten natürlichen Selektionsprozess auf, der darauf hinweist, dass Anpassungsfähige sich an den Veränderungen der Umwelt orientieren und damit eine bessere Überlebenschance haben. Übertragen auf den ökonomischen Bereich sind vergleichbare Muster im unternehmerischen Umfeld zu erkennen. Entrepreneurship-Darwinismus weist auf die Notwendigkeit der Wachsamkeit gegenüber bestehenden und neuen Akteuren hin sowie darauf neu zu denken, sich neu zu erfinden und Veränderungen offen gegenüber zu stehen.

Entrepreneurship-Darwinismus im Kontext

Alles hat ein Ende, auch Unternehmen, was durch entsprechende Anpassung bis hin zur Neuerfindung herausgezögert werden kann. Wobei die verbleibende Zeit einer Anpassung nach dem ersten Erkennen der Notwendigkeit und das zur Verfügung stehende Kapital für Veränderungen einen wesentlichen Einfluss haben.

Entrepeneurship-Darwinismus bezieht sich nicht nur auf Unternehmen als Summe Einzelner, sondern auch auf jeden Entrepreneur oder Intrapreneur. Diese sind immer wieder gefordert, ihre persönlichen Fähigkeiten weiterzuentwickeln, um sich einer sich veränderten Umwelt anzupassen.

F

Fakten können sich immer nur auf Vergangenheit und Gegenwart beziehen. Ihnen wird oftmals ein hoher Stellenwert beigemessen, da sie Erfahrungen dokumentieren – in der Hoffnung, dass diese auch in der Zukunft Bestand haben könnten. Die Zukunft selbst ist eine faktenlose Zeit.

Siehe auch: Zukunft

Fähigkeiten Wir unterscheiden drei Gruppen, die nicht als trennscharf verstanden werden dürfen, sondern verschiedene Perspektiven auf notwendige Fähigkeiten eröffnen sollen.

»Initialfähigkeiten« sind als Voraussetzung für *Neues Denken* zu verstehen. Dazu gehört beispielsweise offen für Neues zu sein.

»Permanente Fähigkeiten« werden vom Strategen im gesamten unternehmerischen Prozess gefordert. Dazu gehört Kreativität, die sowohl als schöpferische Kraft wie auch als Problemlösungsfähigkeit durchgängig vorhanden sein muss. Als weitere permanente Fähigkeit wird für den gesamten Prozess unternehmerisches Denken und Handeln benötigt – was weitere Fähigkeiten unter diesem Begriff subsumiert.

»Situative Fähigkeiten« sind abhängig davon, welche Aufgaben der Stratege zu bewältigen hat. Beispielsweise können dies Kommunikationsfähigkeiten und Führungsfähigkeiten sein.

Funktionen siehe: Aktivitäten

G

Geschäftsplan In der Praxis ist der Geschäftsplan auf die Anforderungen des Unternehmers und seiner Führungskräfte ausgerichtet. Er ist – im Gegensatz zum Businessplan – ein interner, nicht zur Veröffentlichung gedachter, meist mit einem höheren Detaillierungsgrad ausgestatteter Umsetzungsplan und beschreibt die Aktivitäten sowie das Budget zur definierten Zielerreichung eines Bereiches oder des gesamten Unternehmens. Er wird nach der »Unternehmerischen Konzeption« in der Phase »Geschäftsplanung« erstellt.

Siehe auch: Businessplan; Unternehmenskonzeption

Geschäftsplanung Die zweite Phase des Regelkreises BCM bezieht sich darauf, das unternehmerische Vorhaben in eine gute Ausgangsposition für den Start in die Umsetzungs- und Steuerungsphase zu entwickeln. Die Phase beinhaltet unter anderem die Erstellung des Geschäftsplans zur internen Kommunikation und Führung sowie die Bereitstellung der notwendigen Ressourcen. Bei Bedarf erfolgt nun auch zur Beschaffung nicht eigener finanzieller oder substiutionärer Ressourcen die Erstellung eines Businessplanes für die Kommunikation mit Externen.

Siehe auch: Business Concept Management

Genderkulturell bezieht sich auf unterschiedliche Verhaltens- und Denkweisen, Wahrnehmungen und Empfindungen, Einstellungen und Rituale, Perspektiven und Fähigkeiten der Geschlechter. Im Rahmen der White Strategy wird dieser Begriff verwendet, um für die kulturellen Verschiedenheiten der Geschlechter zu sensibilisieren und sie bewusst positiv zu nutzen.

Genderkulturell im Kontext

Die Entwicklung des Vorlesungsformates „Business Planning" an der Hochschule Mainz fand in der Zeit von 2004 bis 2006 statt. Innerhalb der Vorlesung sollte jede Gruppe von Studierenden eine unternehmerische Idee marktorientiert konzipieren, ökonomisch bewerten und abschließend entscheiden, inwieweit das Vorhaben weiterverfolgt werden soll oder nicht. Die durch das Los bestimmten Gruppen, setzten sich häufig ausschließlich aus Frauen und Männern zusammen.

Erkenntnis

Im Umgang mit der Aufgabenstellung waren deutliche Unterschiede zwischen den „reinen" Frauen- und Männergruppen vor allem in den Bereichen Offenheit für Neues, Planungsaffinität, Sicherheitsorientierung, Selbsteinschätzung und Umsetzungsorientierung erkennbar. Aus diesen Beobachtungen heraus entwickelte sich der Begriff „Genderkulturell".

Anwendungen

In den Jahren der Anwendung in der Praxis bestätigte sich, dass durch die Orientierung an den Geschlechtern und deren Mischung in Gruppen die Qualität des Outputs verbessert wird. Wer also unternehmerisch, strategisch agieren muss, sollte sich Gedanken darüber machen, wie die kulturellen Fähigkeiten der Geschlechter besser zu nutzen wären. Deshalb werden im Rahmen der White Strategy, wenn möglich, geschlechtergemischte Teams gebildet, um die kulturellen Unterschiede für *Neues Denken* zu nutzen.

Gründungsinteressierte Personen, die sich mit dem Berufsfeld „Selbstständige Tätigkeit" auseinandersetzen, weil sie sich eine entsprechende Berufswahl vorstellen könnten. Nicht gemeint sind damit Personen, die sich allgemein für das Gründungsgeschehen interessieren.

Siehe auch: Gründungswillige

Gründungswillige Personen, die sich konkret mit einer unternehmerischen Idee beschäftigen und eine selbstständige Tätigkeit in Erwägung ziehen.

Siehe auch: Entrepreneur; Gründungsinteressierte

I

Idee siehe: Unternehmerische Idee

Idealer Weg Während in der konzeptionellen Arbeit (Unternehmerische Konzeption) mehrere Alternativen betrachtet werden können, ergibt sich der »Ideale Weg«, wenn diese Alternativen abgewogen und sich bewusst für einen Weg entschieden wird. Dieser Weg wird zu diesem Zeitpunkt in Bezug auf Markt und Zielerreichung am erfolgversprechendsten eingeschätzt. Als »Idealer Weg« ist er eindeutig qualitativ formuliert, um dann ökonomisch bewertet zu werden. Angeregt und unterstützt wird dieser Schritt methodisch durch die Verdichtung der »Unternehmerischen Konzeption« in das »Manuskript Geschäftsplan«.

siehe auch: Unternehmerische Konzeption

Ideenarchitektur Damit wird der Prozess im Rahmen der konzeptionellen Arbeit bezeichnet. Bildhaft kann man sich die konzeptionelle Arbeit an einem unternehmerischen Vorhaben auch als Ideenarchitektur im Sinne der Gestaltung und Planung von Bauwerken vorstellen – beispielsweise anhand einer Brücke. Zu Beginn werden Punkte zur Orientierung gesetzt, nämlich der angedachte Beginn und das Ende der Brücke. Gegebenenfalls werden Pfeiler hinzugenommen, um die Verbindung zwischen Anfang und Ende leichter zu bewerkstelligen. Pfeiler und Verbindungen werden gleichsam Wirksamkeiten hinsichtlich der angestrebten Tragfähigkeit zugeschrieben. Diese Pfeiler und Verbindungen werden dabei nicht insgesamt fixiert, sondern nur in Teilen im Sinne getroffener Annahmen oder aufgrund von als valide eingeschätzten Informationen. Gegebenenfalls werden geplante Pfeiler wieder verändert. Entsprechend sind die Verbindungen zu überdenken und zu verändern. Große Teile der Konzeption bleiben also variabel, werden aber für eine gewisse Zeit als fix angenommen, soweit keine neuen Erkenntnisse oder Einschätzungen vorliegen. Ist die Brücke soweit konzipiert, wird deren Tragfähigkeit im Sinne der Plausibilität getestet, indem die Belastung durch die Überfahrt eines schweren Fahrzeuges simuliert wird. Stürzt die Brücke ein, muss sie verworfen oder qualitativ neu konstruiert werden.

Initialfähigkeiten siehe: Fähigkeiten

Intrapreneur Intrapreneure sind Menschen innerhalb einer Organisation, die etwas bewegen wollen, dafür Verantwortung übernehmen und sich somit unternehmerisch verhalten, ohne als Entrepreneure einer selbstständigen Tätigkeit nachzugehen.

Siehe auch: Entrepreneur

K

Komplementäre Organisation bezeichnet eine Organisation in der sich ergänzende Fähigkeiten und Kompetenzen, unterschiedliche wie auch gegensätzliche Meinungen und Sichtweisen, Gefühle, Wahrnehmungen und Empfindungen geschätzt werden. Diese Unterschiede können bewusst und anforderungsorientiert zusammengeführt werden, um die daraus resultierende Vielfalt für *Neues Denken* zu nutzen.

Komplementäre Organisation im Kontext

Als praktikablen Lösungsansatz konnten wir gute Ergebnisse für *Neues Denken* beobachten, wenn die Komplementäre Organisation vielfältige Facetten umfasst, wie zum Beispiel genderkulturell, interdisziplinär, demografisch oder auch interkulturell. Unabhängig davon kann sich die Organisation auch aus Internen und Externen zusammensetzen oder ist auch als Netzwerk vorzufinden, eine Form der Zusammenarbeit die auch im Entrepreneurship oftmals anzutreffen ist. In dem dadurch geschaffenen Raum wird Kreativität und *Neues Denken* gefördert.
Der Stärke einer solchen Organisation *Neues Denken* zu forcieren, Mitarbeiter zu Mitdenkern und Mitstreitern im Sinne einer „mitdenkenden Organisation" zu entwickeln, steht möglicherweise die Schwäche gegenüber, aufgrund der Unterschiede schwer zu einer Einigung zu kommen. Nicht nur deshalb benötigt eine Komplementäre Organisation einen »Motor«, der sich Thema und Ziel zu eigen macht und die Organisation zur Entscheidung steuert. Dazu braucht es

„Übersetzer", die Denkweisen, Sprachen, Sozialisierungen der unterschiedlichen Disziplinen und Kulturen verstehen, diese übersetzen und ein gemeinsames Verständnis vermitteln können. Nach der Entscheidung für ein unternehmerisches Vorhaben liegt in der Phase der Umsetzung eine Aufgabe eines »Motors« darin, die Komplementäre Organisation einerseits zum disziplinierten Arbeiten zu führen und gleichzeitig eine offene Denkhaltung zuzulassen.

Siehe auch: Co-Laboration; Genderkulturell; Motor

Konzeption siehe: Unternehmenskonzeption

Konzeptionelle Synapsen (Synapsen – griechisch: syn = zusammen, haptein = fassen). Als Konzeptionelle Synapsen bezeichnen wir die Punkte innerhalb einer Konzeption, an denen bestimmte Informationen aufeinandertreffen und miteinander verglichen werden. Hierbei kann erkannt werden, ob Plausibilität gegeben ist oder nicht.

Konzeptionelle Synapsen im Kontext

Das Aufeinandertreffen von Informationen wird durch den konzeptionellen Denkprozess ausgelöst. Dies kann aber auch gezielt angeregt werden. Hierzu nutzt die Methode strukturierte Reflexionsphasen zwischen den einzelnen Modulen und den Strategischen Abschnitten der Konzeption.

Siehe auch: Zahlenstränge

Kooperation im ökonomischen Sinn: Rechtlich selbstständige Personen mit jeweils eigenen Zielen arbeiten zusammen. Kooperation im erziehungswissenschaftlichen Sinn meint kooperatives Lernen*, um Wissen und Fähigkeiten im gemeinsamen, wechselseitigen Austausch zu erwerben

**Kooperatives Lernen ist „eine Interaktionsform, bei der die beteiligten Personen gemeinsam und in wechselseitigem Austausch Kenntnisse und Fertigkeiten erwerben" (Konrad/Traub 2005: S. 5). Lernen wird als soziales Geschehen, als aktiver und kommunikationsbasierter Prozess begriffen.*
Diskussions- und Reflexionsphasen dienen der Erarbeitung und Überprüfung des Arbeitsauftrages und der Analyse des Gruppenverhaltens. Durch die Auseinandersetzung mit heterogenen Perspektiven sind derartige Lernarrangements sehr gut geeignet, um Kooperations- und Kommunikationsfähigkeiten zu entwickeln und zu fördern (ebd., S. 5 f.) (https://www.uni-bielefeld.de 2020).

Künstliche Komplexität Selbst erzeugte Informationsmengen, die zu einer höheren Komplexität der Gesamtbetrachtung führen, bezeichnen wir als »Künstliche Komplexität«. Sie birgt die Gefahr, den Überblick zu verlieren. Deshalb sollte der Entstehungsprozess rechtzeitig und kritisch hinterfragt werden. Innerhalb einer Organisation kann »Künstliche Komplexität« auch taktisch eingesetzt werden, um Projekte subversiv zum Scheitern zu bringen.

M

Maßnahmen siehe: Aktivitäten

Manuskript Geschäftsplan siehe: Idealer Weg

Meilensteine siehe: Orientierungspunkte

Motor Als »Motor« bezeichnen wir die Person, die eine unternehmerische Idee vorantreibt.

Siehe auch: Komplementäre Organisation; Stratege

N

Neu-Denken Als *Neu-Denken* im Rahmen unternehmerischer Aktivitäten bezeichnen wir die grundsätzliche Bereitschaft, gewohnte Pfade zu verlassen und auch Perspektiven zu verändern, echte und künstliche Restriktionen zu hinterfragen sowie Fragestellungen zuzulassen, um Vergangenes und Gegenwärtiges zu überprüfen und in die Zukunft zu transformieren. Das Ergebnis in Form einer Entscheidung ist offen. Es kann zur Bestätigung, Modifizierung oder zum Verlassen des bisherigen Pfades führen, um sich für die Zukunft aufzustellen. Mit dem Prozess des *Neu-Denken*s geht zudem eine strategische und unternehmerische Wachsamkeit einher, die gegenüber Routine und Ignoranz sowie für die Entwicklungen des Marktes sensibilisiert.

O

Operative Strategien sind nicht als kurzfristige, sondern als handhabbare Strategien zu verstehen. Um strategisch steuern und gestalten zu können, tragen sie dem Zeitraum der Aufbauphase und der damit verbundenen Situation Rechnung.

Siehe auch: Übergreifende Strategie

Orientierungspunkte Um Orientierung in der Zukunft haben, setzt der Stratege qualitative und quantitative Markierungspunkte. Er geht dabei von der unternehmerischen Zielsetzung zum Ende des Betrachtungszeitraums aus und unterteilt den Zeitraum in sinnvolle Abschnitte bis hin zum Startzeitpunkt.

P

Permanente Fähigkeiten siehe: Fähigkeiten

Persönliche Entscheidung siehe: Punkt der Einsamkeit

Plan Anweisung zur Umsetzung, klare Beschreibung der angedachten Schritte zu den gesetzten Orientierungspunkten. Er ist gültig, bis neue Erkenntnisse aus der Analyse vorliegen, diese erklärt wurden und eine oder mehrere andere als dem vorliegenden Plan zugrunde liegenden Entscheidungen getroffen wurden.

Plan B Im »Plan B« wird die Annahme eines negativen Verlaufs des unternehmerischen Vorhabens getroffen und darüber nachgedacht, wie damit umgegangen werden kann. Die daraus resultierenden Erkenntnisse können sich auf alle bisher angedachten Aktivitäten beziehen. Der Plan B weist damit frühzeitig auf mögliche Schwachpunkte, insbesondere Finanzierungslücken hin. Somit stellt er die bisher festgestellte Liquidität und den damit in Verbindung stehenden Kapitalbedarf in Frage.

Plan B im Kontext

Plan B basiert auf empirischen Beobachtungen in der unternehmerischen Praxis. Vor allem mögliche Verwerfungen in der Start- und Aufbauphase einer Unternehmung sind oftmals nicht in der Planung berücksichtigt. Dies kann schon frühzeitig zu fehlender Liquidität führen.

Die Formel „Die Kosten kommen wie geplant, die Umsätze kommen oft viel später und dann nur zur Hälfte" versetzt den Strategen in diese Situation. Sie unterstellt, dass sich die Umsatzerzielung um eine Periode verschiebt, während dagegen die Fixkosten anfallen und die „Startinvestitionen in den Markt" wie geplant stattfinden.

Planungsabschnitte siehe: Strategische Abschnitte

Plausibilitäten Auf den Plausibilitäten basiert das Vertrauen in die Konzeption. Damit sind sie Dreh- und Angelpunkt für die persönliche und unternehmerische Entscheidung. Die Plausibilitäten können bezogen auf die getroffenen Annahmen rational überprüft werden, fordern aber auch einen entsprechenden Anteil an »Betriebswirtschaftlicher Intuition«.

Siehe auch: Betriebswirtschaftliche Intuition

Puffer, finanzieller Bewusst festgestellter und ausgewiesener zusätzlicher Kapitalbedarf zur Sicherung der Widerstandsfähigkeit einer Unternehmung.

Finanzielle Puffer im Kontext

Um möglichen Finanzierungslücken bzw. Liquiditätsengpässen einer Unternehmung schon im Vorfeld gezielt entgegenzuwirken, ist der Blick auf den Kapitalbedarf als Ganzes wichtig. Wird ein finanzieller Puffer als notwendig erachtet, ist dieser für das gesamte Vorhaben zu entscheiden, um im Falle einer Umsetzung die Widerstandsfähigkeit des Unternehmens zu sichern.

Dabei geht es darum, mit der Unternehmung flexibel im Markt agieren zu können. Dazu gehören unter anderem Durchhaltevermögen, Schnelligkeit und Ausweichreaktionen. So können mit dem Kapital aus dem finanziellen Puffer beispielsweise einzelne Aktivitäten bei Bedarf zusätzlich verstärkt oder Verlagerungen zwischen Aktivitäten vorgenommen werden.

Es ist der Gegenentwurf zu dem in der Praxis häufig anzutreffenden Versuch, finanzielle Polster in den unterschiedlichen Bereichen einer Unternehmung anzuhäufen, oft ausgelöst durch Unsicherheit, Ängste oder interne Zwänge. Für den Strategen ist es in solchen Fällen im weiteren Verlauf oftmals schwierig nachzuvollziehen, wie viel, wo und warum Puffer eingestellt wurden. Damit fehlt dem Strategen die Grundlage für eine fundierte Steuerung der Aktivitäten.

Punkt der Einsamkeit Diese Formulierung wurde vor allem für den Entscheidungspunkt STOP | OR | GO gewählt, um die Notwendigkeit einer durchdachten Entscheidung für oder gegen ein unternehmerisches Vorhaben zu thematisieren. Letztendlich trifft diese Bezeichnung aber auch auf alle bedeutsamen Entscheidungen zu. Der »Punkt der Einsamkeit« macht weiterhin bewusst, dass eine Entscheidung von einem Einzelnen getroffen wird bzw. von jedem einzeln gefällt werden muss, auch wenn gefühlt als Gruppe agiert wird.

Bewusst oder unbewusst wird die »Unternehmerische Entscheidung« durch die damit verbundene »Persönliche Entscheidung« beeinflusst, wie beispielsweise durch emotionale Aspekte oder die Frage nach möglichen Konsequenzen wie persönlichen Verlust oder Gewinn.

Siehe auch: Unternehmerische Entscheidung

R

Realisierungsphase siehe: Business Concept Management

Realistisch Bezieht sich auf Vergangenes und Gegenwärtiges, beides ist real geworden. Ein unternehmerisches Vorhaben liegt per se in der Zukunft und kann aus diesem Grund niemals als „realistisch" eingeschätzt werden, sondern nur als „plausibel".

Siehe auch: Plausibilitäten

Ressourcen siehe: Aktivitäten; Effizienzgedanke; Geschäftsplanung

Rollierende Planung Gängiges betriebswirtschaftliches Verfahren zur systematischen Aktualisierung und Konkretisierung von Plänen. Ausgangspunkt sind im Rahmen der White Strategy drei Planungsperioden über jeweils zwölf Monate. Ist die erste Periode realisiert und abgeschlossen, werden zwei Schritte unternommen. Erstens wird eine weitere Periode angehängt, so dass wieder drei Perioden geplant werden können. Zweitens werden die Ergebnisse der umgesetzten Aktivitäten und die Planung verglichen und so ein Soll-Ist-Vergleich vorgenommen. Mit den daraus gewonnenen Erkenntnissen werden die drei nächsten Perioden geplant und bei Bedarf auch neu gedacht.

Rollierende Planung im Kontext

Mit der Realisierungsphase beginnt die eigentliche Aufgabe des Controllings – in diesem Fall die aktive, zukunftsorientierte Steuerung durch den Strategen. Die Grundlage dieser Steuerung ist der vorliegende Geschäftsplan, der auf Überlegungen und Einschätzungen von Ursache und Wirkung beruht.

Die Abweichungen – die zu Beginn eines Vorhabens erfahrungsgemäß groß sein können – sowie die dazugehörigen Erklärungen (Aktivitäten und die Erkenntnisse über deren tatsächlichen Wirksamkeiten) werden analysiert und Entscheidungen getroffen. Sie fließen in die folgenden Planungsintervalle ein, was die ursprüngliche Konzeption modifiziert oder bestätigt. Rollierend wird dieser Vorgang weiter fortgesetzt.

Die »Rollierende Planung« sollte spätestens nach zwölf Monaten, in dynamischen Märkten auch in kürzeren Intervallen erfolgen. Sie ist aber nicht streng an Geschäftsjahre gebunden, sondern der Situation in der Unternehmung oder der im Markt angepasst.

Siehe auch: Geschäftsplan

S

Situative Fähigkeiten siehe: Fähigkeiten

Start bezieht sich auf den dritten Entscheidungspunkt des Regelkreises BCM. Hier muss der Stratege entscheiden, ob das Vorhaben realisiert werden soll oder nicht.

Siehe auch: Business Concept Management

Start-up-Konstellation siehe: White Strategy

STOP | OR | GO siehe: Business Concept Management; Businessplan; Punkt der Einsamkeit

Stratege bezieht sich auf die Person/en, die sich mit einer unternehmerischen Idee auseinandersetzen und zu einer fundierten unternehmerischen und persönlichen Entscheidung für oder gegen ein Vorhaben kommen wollen.

Strategische Abschnitte Der Weg zur unternehmerischen Entscheidung wird in der White Strategy in strategische Abschnitte unterteilt, denn die konzeptionelle Arbeit fordert vom Strategen mehrfache Perspektivenwechsel. Dazu gehören subjektive und objektive sowie auch verbindende Positionen.

Strategischer Prozess und Didaktischer Prozess Der »Strategische Prozess« ist darauf ausgerichtet, eine unternehmerische Idee marktorientiert und effizient zu einem Vorhaben zu entwickeln. Durch seinen logisch-hierarchischen Aufbau leitet er in mehreren Etappen durch die »Unternehmerische Konzeption« bis hin zur »Ökonomischen Bewertung« und »Strategischen Reflexion«.

Mit dem »Strategischen Prozess« untrennbar verbunden ist der »Didaktische Prozess«, der durch den »Strategischen Prozess« ausgelöst wird. Der »Didaktische Prozess« läuft im Hintergrund ab, sobald die Auseinandersetzung mit einer unternehmerischen Idee beginnt. Er ist auf die persönliche Entwicklung des Entrepreneurs oder Intrapreneurs ausgerichtet.

Beide Prozesse, der strategische und der didaktische, wirken zusammen auf Fähigkeiten und Wissen des Strategen ein, wie zum Beispiel auf die Erweiterung des Horizontes, die Wahrnehmung und seine strategische Klaviatur.

Strategische Klaviatur bezeichnet das Repertoire, das dem Strategen in der Planungsphase und in der Realisierungsphase zur Verfügung steht, um fundierte Entscheidungen zu treffen.

Strategische Pubertät thematisiert eine Entwicklungsphase eines Strategen, bezogen auf den Umgang mit der Zukunft.

Strategische Pubertät im Kontext

Die Phase zeigt sich in der Schwierigkeit, die Zukunft zu betrachten und heute schon Entscheidungen für die Zukunft zu treffen, weil keine oder nur wenige Informationen vorliegen, die (vermeintlich) Sicherheit in der Zukunft geben. In dieser Phase der »Strategischen Pubertät« ist das Abstrahierungsvermögen noch nicht genügend ausgeprägt, wobei diese Fähigkeit aber entwickelt werden kann. Hin und wieder lassen Personen eine grundsätzliche Verweigerungshaltung erkennen, sich mit der Zukunft auseinanderzusetzen, so dass sie die Phase der Strategischen Pubertät nicht überwinden können.

T

Taktik bezieht sich auf die Umsetzung strategischer Ziele. Taktik und Strategie werden oft bezogen auf Zeit unterschieden. So wird Strategie als eher langfristig, Taktik als eher kurzfristig verstanden.

Taktik im Kontext

Die Methode White Strategy bezieht sich auf einen Planungszeitraum von 36 Monaten und definiert somit Ende Jahr 3 als langfristig. Die grundsätzliche Zielorientierung wird auf diesen Zeitpunkt ausgerichtet. Innerhalb des Planungszeitraum werden aber auch weitere strategische Ziele nach jeweils zwölf Monaten gesetzt und damit die Dynamik einer Aufbauphase berücksichtigt. Taktik orientiert sich in diesem Fall an dem jeweiligen strategischen Ziel.

Siehe auch: Operative Strategien

Temporäres Führen ist gekennzeichnet durch wechselndes Führen innerhalb einer Gruppe. Der Grund dafür können Anforderungen sein, für die ein anderes Gruppenmitglied besser geeignet erscheint.

Temporäres Führen im Kontext

Spätestens „wenn es um etwas geht", ergibt sich erfahrungsgemäß eine Führung – sei es formeller oder informeller Art.

Während „Delegation" auf eine klare, formelle Über-/Unterordnung hinweist, grenzt sich »Temporäres Führen« durch seinen informellen, eher fließenden Charakter ab. Temporäres Führen entwickelt sich aufgrund der jeweiligen Aufgabe und den unterschiedlichen Fähigkeiten in einer Gruppe. Es benötigt ein Umfeld der Motivation, des Engagements und des gegenseitigen Vertrauens und wird durch die Gruppengröße beeinflusst. Es ermöglicht paralleles Arbeiten, erhofft schnellere Fortschritte und wird von dem gemeinsamen Ziel der Gruppe getragen. Temporäres Führen verlangt von den Einzelnen die Fähigkeit, Führung zeitweise zu übernehmen bzw. abzugeben. Hierarchische Aspekte treten in den Hintergrund.

Siehe auch: Fähigkeiten; Komplementäre Organisation; Motor

Transformation Siehe auch: Codierung

U

Übergreifende Strategie stellt die Frage, inwieweit die Entwicklung des Unternehmens über alle Orientierungspunkte hinweg gesichert, beschleunigt oder unterstützt werden könnte. Die »Übergreifende Strategie« ist nicht zu verwechseln mit den nachgelagerten strategischen Überlegungen zu Produkt, Preis, Kommunikation und Distribution.

Übergreifende Strategie im Kontext

Zu einem frühen Zeitpunkt der konzeptionellen Arbeit wird die Frage nach einer engpassorientierten »Übergreifenden Strategie« gestellt. Losgelöst von spezifischen Strategien bezogen auf Produkt, Preis, Kommunikation, Distribution wird angeregt, über eine dominierende Strategie nachzudenken. Die Frage selbst zielt unter anderem auf zwei Auswirkungen:
1. Selbst, wenn es zu diesem Zeitpunkt möglicherweise noch keine befriedigende Antwort darauf gibt, ist es wichtig, sie gestellt zu haben.
2. In dem Moment, in dem sie gestellt ist, ist sie gedanklich platziert und bleibt – sozusagen im „Hinterkopf" – während der konzeptionellen Arbeit durchgängig präsent.

Unternehmerische Entscheidung Sie wird in der Gegenwart für die Zukunft getroffen. Eine gute Basis für die Entscheidung ist die Einschätzung, inwieweit sich das unternehmerische Vorhaben – bezogen auf die eigenen Ziele und auf den relevanten Markt – als plausibel oder nicht plausibel darstellt. Untrennbar mit der unternehmerischen Entscheidung verbunden ist die persönliche Entscheidung mit all ihren Facetten der Risiko- und Chanceneinschätzung.

Siehe auch: Punkt der Einsamkeit

Unternehmerische Probezeit ist die Zeit, die der Stratege für die Vorbereitung auf seine Unternehmung benötigt. Dies beinhaltet auch eine mögliche Erprobungsphase der Unternehmung hinsichtlich der Marktreife ihres Angebots.

Unternehmerische Probezeit im Kontext

In einer abhängigen Beschäftigung wird eine Probezeit gewährt, um die Arbeitsprozesse kennenzulernen, um zu sehen, ob man in das kollegiale Umfeld passt und um sich einzugewöhnen.

Was hier als üblich erachtet wird, gilt jedoch nicht für Entrepreneure und deren unternehmerische Vorhaben. Hier wird oft unterstellt, auch vom Strategen selbst, dass eine Probezeit nicht notwendig ist und alles von Anfang an reibungslos funktioniert. Dies ist jedoch äußerst selten der Fall, was sowohl bei Start-ups wie auch bei bestehenden Unternehmen immer wieder zu beobachten ist. Dieser Umstand wird selten berücksichtigt und führt dazu, dass schon zu Beginn der Realisierung erhebliche Planabweichungen auftreten.

Unternehmerische Idee Eine unternehmerische Idee ist Auslöser für Vorhaben wie Gründung, Sicherung, Expansion, Nachfolge, Übernahme, Launch (neues Produkt), Re-Launch, Krisenbekämpfung sowie dafür, eine Unternehmung, wichtige Teile davon oder grundlegende Aktivitäten und Prozesse zu prüfen, neu auszurichten und *neu zu denken*. Gemeinsam haben diese Ideen in den unterschiedlichen Unternehmensphasen und -situationen, dass ihr möglicher Erfolg in der Zukunft liegt.

Siehe auch: Business Concept Management; Rollierende Planung

Unternehmerische Konzeption bezieht sich auf die erste Phase des Regelkreises BCM. Konzeptionell wird die unternehmerische Idee marktorientiert entwickelt, auf Marktfähigkeit geprüft und ökonomisch betrachtet. Die Unternehmenskonzeption beschreibt letztendlich das Vorhaben in seinen unterschiedlichen Facetten. Sie dient dem Unternehmer zur Vorbereitung seiner Entscheidungen. Während der Erstellung der Konzeption ist die Entscheidung noch offen, ob das Vorhaben sinnvoll erscheint und weiter verfolgt werden soll.

Siehe auch: Business Concept Management

Unternehmerisches Denken und Handeln beginnt mit dem Erkennen möglicher Chancen und der Intention, einen ökonomischen Vorteil daraus zu schöpfen. Damit einher geht die Überlegung, Wege zu finden, dieses Potenzial zu heben und einzuschätzen, ob es realisierbar sein könnte. Bei positiver Beurteilung erfolgt die Auseinandersetzung damit, wie das Potenzial gehoben werden könnte und welche Ressourcen dafür benötigt werden.

Es kann in jeder Organisation stattfinden, ob unternehmerisch, institutionell oder politisch geprägt. Jedoch beginnt Unternehmerisches Denken und Handeln nicht erst mit der Umsetzung, sondern schon im Vorfeld einer möglichen Realisierung der unternehmerischen Idee.

Unternehmerisches Denken und Handeln zählt zu den »Permanenten Fähigkeiten« von Entrepreneuren und Intrapreneuren und subsumiert unter diesem Begriff eine Vielzahl weiterer Fähigkeiten wie z.B. Zukunftsorientierung und aus Erfahrungen zu lernen.

Siehe auch: Fähigkeiten

Unternehmerische Intelligenz (UI) umfasst Fähigkeiten und Verhalten, die im Zusammenhang mit unternehmerischen Entscheidungen sowie der Steuerung einer Unternehmung stehen.

UI lässt sich letztendlich am Verhalten eines Entrepreneurs oder Intrapreneurs als Individuum gegenüber seiner Umwelt erkennen, wie auch am Verhalten einer Gruppe von Individuen. Als Gruppe kann beispielsweise ein Unternehmen, eine Institution, eine Organisation oder auch eine Gesellschaft angesehen werden, die von außen als Einheit wahrgenommen wird.

Unternehmenskonzeption siehe: Unternehmerische Konzeption

Unternehmerisches Vorhaben siehe: Unternehmerische Idee

Unternehmung siehe: Unternehmerische Idee

Umsetzung und Steuerung siehe: Business Concept Management

V

Vorhaben siehe: Unternehmerische Idee

W

White Strategy *Neues Denken* ist das zentrale Element der Methode White Strategy. Das Ziel ist es, durch objektives und zukunftsorientiertes Denken neue strategische Ansätze oder Strategien zu entwickeln oder auch die bisherige Vorgehensweise zu bestätigen.

Die White Strategy wird als Methode zur vorausschauenden Konzeption eingesetzt, wenn ein unternehmerisches Vorhaben oder eine Unternehmung, wichtige Teile davon oder grundlegende Aktivitäten und Prozesse neu gedacht werden sollen. *Neu-Denken* und damit das Gestalten der Zukunft einer unternehmerischen Idee beginnt sozusagen mit einem unbeschriebenen, weißen Blatt welches die Zukunft visualisiert – dem Symbol der White Strategy. Das weiße Blatt steht für *Neues Denken* und macht gleichzeitig bewusst, dass nun eine Auseinandersetzung mit der Zukunft erfolgt, die nicht vorhersehbar ist – sie ist noch nicht beschrieben.

Die Kunst des *Neu-Denkens* fordert vor allem die Fähigkeiten des Strategen und verlangt von ihm das Wissen um strategisches Arbeiten. Die Methode White Strategy und das dafür entwickelte Strategiesystem CONCEPTEM unterstützen dabei.

Siehe auch: CONCEPTEM; Fähigkeiten

Z

Zahlenstränge Als Zahlenstrang bezeichnen wir den zeitlichen Verlauf von Werten einer ausgewählten betriebswirtschaftlichen Größe.

Die Methode White Strategy legt den Fokus auf zwei zukunftsorientierte Zahlenstränge. Der erste Zahlenstrang dient der Orientierung in der Zukunft und bildet die unternehmerische Zielsetzung ab. Im zweiten Zahlstrang werden die Wirksamkeiten der Aktivitäten eingeschätzt, die zur Umsatzerzielung vorgesehen sind. Beide Zahlenstränge sowie die sich aus der Bepreisung der Aktivitäten resultierenden Kosten dienen der Plausibilitätsdiskussion und somit der Entscheidungsfindung.

Idealerweise stehen zur Entscheidungsfindung für oder gegen ein Vorhaben weitere Zahlenstränge zur Verfügung – meist aus der Vergangenheit stammend, die in die Zukunft prognostiziert werden können.

Ziele Entsteht bei dem Entrepreneur oder Intrapreneur der Gedanke einer unternehmerischen Idee, geht damit gleichzeitig seine Einschätzung einher, inwieweit Marktpotenzial gegeben ist – und es schwingt die Einschätzung mit, damit erfolgreich sein zu können (je nach persönlicher Währung kann sich dieses Ziel auf Geld, Ruhm, Anerkennung, Macht u.a. beziehen). Werden beide Aspekte als positiv eingestuft, ist die Chance, dass die Idee weiter verfolgt wird hoch. Interessant ist dabei die Beobachtung, dass also latent persönliche Ziele gesetzt sind, was die Offenheit unternehmerische Ziele als Orientierungspunkte zu setzen, erleichtern sollte.

Siehe auch: Orientierungspunkte

Zukunft Zeit ohne Fakten. Sie ist bis heute weder vorhersehbar noch vorhersagbar. Es bleibt dem Strategen die Einschätzung, wobei ihm Wissen und Fähigkeiten helfen.

Siehe auch: Fakten

Anhang

White Strategy – wie alles begann

Beeinflusst durch Erfahrungen als Intrapreneure in der Investitions- und Konsumgüterindustrie sowie den Erkenntnissen als Entrepreneure und in der Beratungstätigkeit für Unternehmen aus Industrie, Dienstleistung, Handel und Handwerk in unterschiedlichen Unternehmensphasen und -situationen thematisierten Reiß/Schenscher 2002 den Ansatz des *Neu-Denkens*, der zur Methode der White Strategy entwickelt wurde.

Abbildung 35: Eines der ersten Pilotsysteme (hand-made)

2002 startete die erste Entwicklungswelle in Seminaren und Coachings mit ca. 350 weiblichen und männlichen Entrepreneuren, die knapp zwei Jahre andauerte. In dieser Zeit wurde das Entwicklungsteam zusätzlich um weitere Praktikerinnen und Praktiker aus verschiedenen Disziplinen der Betriebswirtschaft sowie der Pädagogik erweitert.

Die Entwicklung des Konzeptes für das Einzel- und Teamcoaching von Intra- und Entrepreneuren schloss daran an. Parallel dazu wurde der Rahmen für die Zertifizierung von Coaches festgelegt. Dies beinhaltet auch die Anforderung, die unternehmerische und die persönliche Entscheidung „Stop" des Kunden im gesamten Prozess zulassen zu müssen – wohl wissend, dass dann weitere Leistungen nicht abgerechnet werden können.

Gemeinsam mit Lothar Steiger und unterstützt durch Prof. Dr. Mehler-Bicher und Prof. Dr. Sven Fischbach startete 2004 die zweite Entwicklungswelle an der Hochschule Mainz – University of Applied Science. Dabei ging es nun um den zielgruppenspezifischen Einsatz der Methode in Seminaren an Hochschulen, Institutionen und in Unternehmen. Seit 2004 wird das Strategiesystem durchgängig an der Hochschule Mainz eingesetzt.

[Foto: HS Mainz]

Preisträger: Lothar Steiger (1.v.l), Michael Reiß (2.v.l.), Prof. Dr. Sven Fischbach (5.v.l.)
Laudator: Direktor Wolfgang Schmidt, Deutsche Bank (4.v.l.)
Ehrengast: Wirtschaftsminister Rheinland-Pfalz Hendrik Hering (Mitte)

Abbildung 36: Auszeichnung „Land der Ideen 2010"

Als Resultat liegen nach jeder Vorlesung eine große Zahl unternehmerischer Ideen vor. Um die Studierenden weiter in die Praxis zu führen, wurde »concepticus – die Börse für unternehmerische Ideen und Konzepte« konzipiert. Sie brachte Ideengeber und Ideennachfrager zusammen und fand 2007 bis 2011 statt. Die »concepticus« fungierte aber nicht nur als Börse für Ideen und Konzepte. Parallel entstand zudem die „1. Jobbörse für Entrepreneure" wie auch die „1. Recruiting-Plattform für Intrapreneure" (Mehr dazu unter https://www.conceptem.de/unternehmerische-projekte/concepticus).

„Ideengeber" waren im Schwerpunkt Studierende der Hochschule Mainz, die ihre unternehmerischen Konzepte in der Vorlesung mit der Methode White Strategy und dem dazugehörigen Instrumentarium CONCEPTEM entwickelt hatten. Zusätzliche Teilnehmerinnen und Teilnehmer von „Jugend forscht" und „Jugend gründet" erweiterten den Ideenpool. „Ideennachfrager" waren an Innovation interessierte Unternehmen und Gründungsinteressierte, die von potenziellen Finanzgebern flankiert wurden. Für die Konzeption dieser Börse erhielten wir die Auszeichnung „Deutschland – Land der Ideen, ausgewählter Ort 2010".

Zu einem weiteren Ergebnis der Organisationsform gehört auch die Veröffentlichung eines von „10 Grundgedanken zur konzeptionellen Planung" im Rahmen einer Zitatensammlung des BMWi.

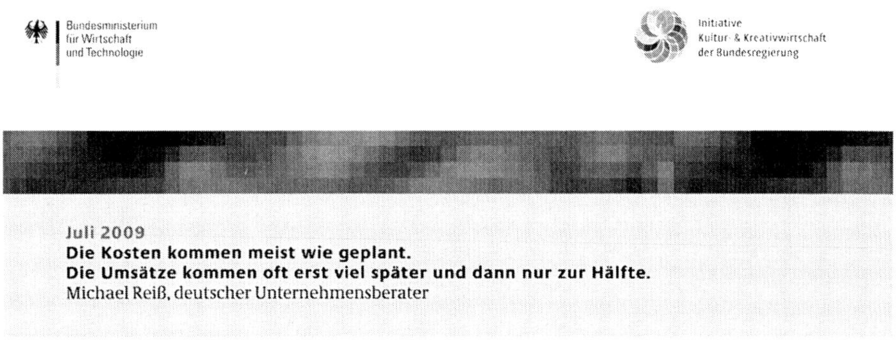

Abbildung 37: BMWi Zitatensammlung (Quelle: Bundesministerium für Wirtschaft und Technologie, Kalender 2009, Zitatensammlung.)

2015 erfolgte die Darstellung der Methode im Rahmen des Hochschulpaktes unter dem Motto „Gute Lehre für ein erfolgreiches Studieren".

Abbildung 38: Gute Lehre (Mehr dazu unter Zentrum für Qualitätssicherung, http://www.zq.uni-mainz.de/2600.php.)

Im gleichen Jahr wurde im Rahmen der Aktivitäten des E.U.L.E. e.V. – Erfahrung Unterstützt Lebendige Existenzgründung, die Erstzertifizierung durch DQS – Deutsche Gesellschaft zur Zertifizierung von Managementsystemen durchgeführt. Sie betraf E.U.L.E. e.V. als Träger sowie Methode und Instrumentarium als Maßnahme.

Auszug aus dem DQS-Bericht zur AZAV Maßnahmen- und Trägerzertifizierung zur Maßnahme *„...Eine derart qualifizierte Vorgehensweise bei der Unterstützung von Existenzgründern wird sicherlich nur sehr selten in Deutschland anzutreffen sein."*

Mittlerweile sind die in der Jahrtausendwende entwickelte Methode White Strategy und das dazugehörige Instrumentarium mehr als 6.000 Mal evaluiert. Nutzen bringt die Methode dort, wo Raum für neues Denken zugelassen wird.

Bisherige Veröffentlichungen zu CONCEPTEM und zur White Strategy:

Steiger, Lothar (2005): IOXIOXIO – Die ersten 1.000 Tage, Das etwas andere Planspiel zur Erstellung und Überprüfung von Businessplänen in: FH Forum Mainz 1/2005, Fachhochschule Mainz, S. 31 – 32.

Steiger, Lothar; Michael Reiß (2005): Praxis meets Praxis, Unternehmenslern- und Planspiel IOXIOXIO – Die ersten 1.000 Tage in: Jahrbuch 2005/2006 der Fachhochschule Mainz, FB Wirtschaftswissenschaften, S. 40 – 41.

Steiger, Lothar; Michael Reiß (2007): IOXIOXIO – Erfolg durch Konzept in: Zeitschrift Update 5, Forschung & Wirtschaft, WS 07/08, Fachhochschule Mainz, FB Wirtschaftswissenschaften, S. 84 – 88.

Fischbach, Sven; Reiß, Michael (2007) in: Investoren für studentische Geschäftsideen gesucht in: Jahrbuch 2007/2008, Fachhochschule Mainz, FB Wirtschaftswissenschaften, S. 5.

Nagel, Patricia; Fischbach, Sven; Reiß, Michael; Steiger, Lothar (2010): Unternehmerisches Denken und Handeln wird großgeschrieben in: Forum 2.10, Das Magazin der Fachhochschule Mainz, S. 32 – 35.

Fischbach, Sven; Reiß, Michael; Steiger, Lothar; Nagel, Patricia (2010): Fachhochschule Mainz und 1stCONCEPT gewinnen Auszeichnung als ausgewählter Ort 2010 bei „Deutschland – Land der Ideen“ in: Jahrbuch 2010/2011 der Fachhochschule Mainz, Fachbereich Wirtschaft, S. 16 – 18.

Mehler-Bicher, Reiß, Schenscher, Steiger (2013): Reality Planning in: Andrea Beyer und Britta Rathje (2013), Methodik für Wirtschaftswissenschaftler, Oldenbourg Wissenschaftsverlag, S. 221 – 233.

Reiß, Schenscher, Mussel (2014): White Strategy in: Zeitschrift Update 18, Forschung + Wirtschaft, SS/14, Hochschule Mainz, FB Wirtschaft, S. 75 – 80.

Reiß, Schenscher, Steiger (2015): Eine für alle? – Eignet sich eine Businessplanvorlage auch zur unternehmerischen Entscheidungsfindung? in: Zeitschrift Update 20, Forschung + Wirtschaft SS/15, Hochschule Mainz, FB Wirtschaft, S. 50 – 57.

Reiß, Schenscher, Steiger (2015): Business Planning in der Lehre: in Zeitschrift Update 20, Forschung + Wirtschaft SS/15, Hochschule Mainz, FB Wirtschaft, S. 58 – 66.

Reiß, Michael; Schenscher, Jochen; Fischbach, Sven (2016), 3. aktualisierte und überarbeitete Auflage: clever statt blauäugig – Wer aus Fehlern anderer Unternehmer lernt, ist im Vorteil, CONCEPTEMverlag, Mainz.

Reiß, Michael; Schenscher, Jochen; Fischbach, Sven (2018), Scheitern ist scheiße – von der Klugheit, unternehmerische Fehler zu vermeiden, 4. aktualisierte Auflage, CONCEPTEMverlag, Mainz.

Links https://www.conceptem.de

https://www.hs-mainz.de/studium/services/wirtschaft/zusatzangebote-zur-qualifizierung/conceptem/

Herzlichen Dank an alle, die in den vergangenen Jahren mit ihrem Engagement, ihren Impulsen und ihrem Diskurs zur Weiterentwicklung der White Strategy und CONCEPTEM beitrugen:

Thomas Barella
Prof. Dr. Andrea Beyer
Kai Bolduan
Armin Domesle
Prof. Dr. Sven Fischbach
Dr. Gerhart Flothow
Gersi Gega
Thorsten Gläser
Bernd Großbach
Prof. Dr. Sabine Hartel-Schenk
Lisa Haus
Christian Hausmann
Roman Heisig
Andreas Kappel
Dagmar Keck
Wolfgang Keck
Tom Klose
Elisabeth Kolz
Gaby Krautkrämer
Prof. Dr. Anett Mehler-Bicher
Prof. Dr. Jörg Mehlhorn (Deutsche Gesellschaft für Kreativität e.V.)
Hans-Jürgen Merger
Peter Merz
Klaus Mirsch
Peter Mirsch
Stefan Mussel
Sören Ohle
Viktor Piel
Frank Radynski
Heike Reiß
Lilith Reiß
Norbert Reiß
Maria Reiß
Werner Renkes
Everett Ruf
Gaby Sans
Steffi Sans
Dirk Schmitt
Jochen Schmitz
Antonette Simons
Peter Starck
Hans van der Sanden
Annemiek van der Sanden-Ament

Dank auch an die Entrepreneure und Intrapreneure sowie an die Studierenden, die in Workshops, Seminaren und Vorlesungen, im Coaching und der Beratung durch ihre konstruktive Kritik und durchgängig positive Bestätigung uns ermutigt haben, Methode und Instrumentarium über die Jahre weiter zu verfeinern.

Literaturhinweise

3mdeutschland.de/3M/de_DE/post-it-notes/contact-us/about-us/
Abruf am 27.02.2021

businessinsider.de/gruenderszene/lexikon/begriffe/lean-startup/
Abruf am 27.02.2021

Bundesministerium für Wirtschaft und Technologie (2009): Kalender 2009, Zitatensammlung, Berlin 2009.

controllerakademie.de/news/management/effectuation-steuern-in-der-vuca-welt/,
Abruf am 15.03.2021

Duden (2021): plausibel, https://www.duden.de/rechtschreibung/plausibel
Abruf am 24.02.2021

Euler Hermes Kreditversicherungs-AG (Hrsg.): Ursachen von Insolvenzen. Gründe für Unternehmensinsolvenzen aus der Sicht von Insolvenzverwaltern, Wirtschaft Konkret Nr. 414, Hamburg 2006

Frankfurter Allgemeine Sonntagszeitung, Technik & Motor, Seite 41, 13. September 2020, Nr. 37

geo.de/wissen/23942-rtkl-psychologie-dunning-kruger-effekt-weshalb-inkompetente-menschen-oft-das-groesste,
Abruf am 09.06.2021

Goleman, Daniel (2019), Emotionale Intelligenz, 29. Auflage, dtv Verlagsgesellschaft mbH & Co. KG, München

Greene, Francis J./Hopp, Christian (2017): Strat. Entrepreneurship, in: Strategic Entrepreneurship Journal, 11: 36–60 (2017), Published online 8. February 2017 in Wiley Online Library (wileyonlinelibrary.com). DOI: 10.1002/sej.1245
Abruf: 01.11.2018.

Heine, Heinrich (1887), Zur Geschichte der Religion und Philosophie in Deutschland, Seite 88

Kahneman, Daniel (2011): SCHNELLES DENKEN, LANGSAMES DENKEN, 9. Auflage, Penguin Verlag, Verlagsgruppe Random House

newsroom.iza.org/de/archive/research/female-leadership-raises-team-performance/,
Abruf am 20.10.2020

Nörr, Monika (2012): Effectuation – eine Entscheidungslogik für (erfahrene) Entrepreneure, Schriften der Wissenschaftlichen Hochschule Lahr, Nr. 31. https://www.monoconsulting.de/sites/default/files/u4/noerr-2012-effectuation-whl-schrift-31.pdf
Abruf am 17.06.2018.

Reiß, Michael; Schenscher, Jochen; Fischbach, Sven (2018), Scheitern ist scheiße – von der Klugheit, unternehmerische Fehler zu vermeiden, 4. aktualisierte Auflage, CONCEPTEMverlag, Mainz.

schott-ceran.com/german/product/origin.html
Abruf am 27.02.2021

Spitzer, Manfred (2018), Die Smartphone Epidemie

Stangl, W. (2021). Stichwort: ‚confirmation bias – Online Lexikon für Psychologie und Pädagogik'. Online Lexikon für Psychologie und Pädagogik: https://lexikon.stangl.eu/10640/confirmation-biasbestaetigungsfehler-bestaetigungstendenz (2021-06-09)
Abruf am 09.06.2021

tradercampus.de/de/artikel/verhaltenseffekte-bias-blind-spot
Abruf am 09.06.2021

uni-bielefeld.de/erziehungswissenschaft//scs/pdf/leitfaeden/lehrende/anleitung_kooperatives_lernen.pdf,
Abruf am 11.11.2020

Wendt, Gunna (2017), Clara und Paula, Das Leben von Clara Rilke-Westhoff und Paula Modersohn-Becker, Piper, München, Berlin, Zürich

Welt am Sonntag, Finanzen, Seite 44, 4. Juni 2017, Nr. 23

wirtschaftslexikon.gabler.de/definition/vuca-119684
Abruf am 15.03.2021

vuca-welt.de, Abruf am 15.03.2021

Zentrum für Qualitätssicherung (2018): http://www.zq.uni-mainz.de/2600.php.

Die Autoren

Diplom-Betriebswirt **Michael Reiß** kommt aus der Praxis des Marketings und Vertriebs und war u.a. in der Investitions- und Konsumgüterindustrie tätig. Er ist Inhaber des CONCEPTEMverlages und der Unternehmensberatung 1stCONCEPT sowie Lehrbeauftragter der Hochschule Mainz.

Diplom-Kaufmann **Jochen Schenscher** ist selbstständiger Unternehmensberater mit dem Spezialgebiet Vertrieb. Er war in unterschiedlichen Funktionen sowohl im Vertrieb der Konsumgüterindustrie als auch in der Unternehmensberatung tätig.

Diplom-Betriebswirt **Lothar Steiger** ist Lehrkraft für besondere Aufgaben an der Hochschule Mainz. Neben seinem Schwerpunkt in der Wirtschaftsinformatik lehrt er auch seit 2009 „Business Planning“. 2007 erhielt er den Lehrpreis des Landes Rheinland-Pfalz und zusammen mit Michael Reiß und Sven Fischbach 2010 den Projektpreis „Deutschland – Land der Ideen“.

Was verbindet die drei Autoren? Es ist eine gemeinsame Grundeinstellung hinsichtlich Entre- und Intrapreneurship, die sich in heterogenen Biografien und eigenen Erfahrungen herausgebildet hat. Sie ist geprägt von ihren Tätigkeiten als Entrepreneure – unter anderem auch schon in der Studienzeit – sowie als Intrapreneure in kleinen, mittleren und großen Organisationen. Zudem sind die drei Autoren durch die langjährige Arbeit mit angehenden und aktiven Entrepreneuren und Intrapreneuren verbunden.

Die Bindung wurde durch Erfahrungen in gemeinsamen Projekten gestärkt wie zum Beispiel 1999 mit einem bekannten US-Konzern und einer universitären Metasuchmaschine oder auch 2004 das CONCEPTEM-Seminarkonzept für Intrapreneure und Entrepreneure, 2007 die „concepticus“, 2009 die Entwicklung von Produkten für AR-Anwendungen (Augmented Reality) oder jetzt dieses Buch.

Die Auseinandersetzung mit solchen spannenden Themen stellt immer wieder Gelerntes und Erfahrenes in Frage und lässt gleichzeitig Neues erkennen, um das Bisherige mit neuen Augen, aus anderen Perspektiven zu betrachten. Daher mag es sein, dass wir einen spezifischen Blickwinkel auf das eine oder andere Thema haben. In diesem Sinne bieten die nachfolgenden PERSPEKTIVEN vielleicht die Chance auf weitere Perspektivenwechsel und für zusätzliche Impulse – mal ernst gemeint, mal provokant, mal augenzwinkernd ...

PERSPEKTIVEN
PERSPEKTIVEN
PERSPEKTIVEN

CONCEPTEMverlag

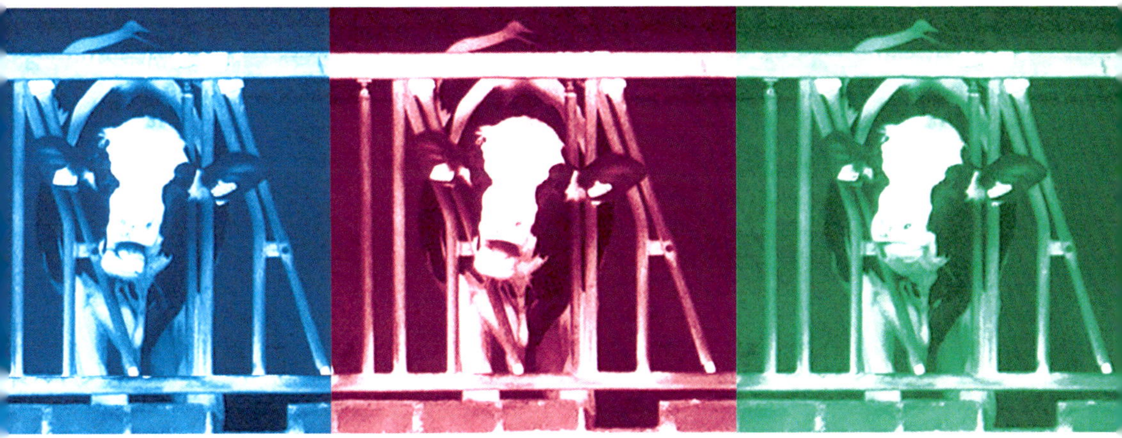

PERSPEKTIVEN

CONCEPTEMverlag

Perspektiven

2. aktualisierte und überarbeitete Auflage 2021

Grafische Gestaltung Postkarten: RUFART, Everett Ruf

Satz, Druck & Bindung: Harfe-Verlag und Druckerei GmbH, Rudolstadt

Zu „Perspektiven"

Wie schon in »Scheitern ist scheiße – von der Klugheit, unternehmerische Fehler zu vermeiden« haben wir auch unserem Buch White Strategy einen Abschnitt hinzugefügt, der den einen oder anderen Aspekt pointiert aufgreift. Unter »Perspektiven« findet sich eine Sammlung von Erkenntnissen und Eindrücken, gespeist aus verschiedenen Situationen und Blickwinkeln aus unterschiedlichen Positionen. Die einzelnen Betrachtungen sind teils ernsthaft oder humorvoll, teils ironisch und provokativ zu verstehen. Gerne überlassen wir es dem Leser, die jeweilige Einordnung vorzunehmen. Hinter allen Betrachtungen verbirgt sich die Idee, zu Diskussionen und *Neuem Denken* anzuregen.

Zum Cover Inspiriert wurde Q3 durch verschiedene Blickwinkel auf den Umgang mit Veränderung.

Vom Wiederkäuen der Hoffnung, Veränderungen gingen spurlos an uns vorbei, verbleibt am Ende nicht mal die Hoffnung. Ein böses Bild? Ein guter Grund sich zu bewegen. Wollen wir uns der Zukunft stellen, müssen wir unsere Zwänge erkennen und unsere persönlichen Vorurteile infrage stellen.

Ein anderer Blick. Das Wiederkäuen ewig gleicher Botschaften durch die Politik. Die Reden sind schön. Verändert sich etwas? Tatendrang dringt durch. Vielleicht ist es ernst gemeint. Doch die Struktur darunter ist über Jahre gut verwoben, zur „Lähmschicht" verbacken und somit standhaft. Bewegung? Nach vorne? Es hätte etwas Unternehmerisches!

Dann wären da noch die Melkkühe des Staates. Ungeliebt, belächelt und – falls erfolgreich – beneidet: die Entrepreneure. Eingezwängt in zunehmender Bürokratie, die doch schon seit Jahren abgebaut wird – ein Versprechen, das unsäglich wiedergekäut wird. Fehlt nur noch das Amt für Bürokratieabbau. Wer danach sucht, landet auf der Seite der Bundesregierung. BufBürAb. Aus Witz wurde Ernst.

Blickwinkel

Perspektive Kreativwirtschaft.

Betriebswirtschaft. Eine Form der Kunst?

Wenn ein Songschreiber die Musik sozusagen „im Kopf entstehen lässt“ und diese dann in Noten codiert, wird das Ergebnis als Kunst bezeichnet. Aber welche künstlerische Anerkennung findet ein Entre- oder Intrapreneur, der eine unternehmerische Idee konzeptionell entwickelt und das Ergebnis in Zahlen codiert?

Dieser Tage ergab sich ein *Déjà-vu*. Eine Künstlerin kam mit einer unternehmerischen Idee auf uns zu, die sie gerne umsetzen wollte. Ihre Kernaussage im Gespräch war, dass sie aber „mit Zahlen nichts zu tun haben wolle.“ Dieser häufig seitens künstlerisch ausgerichteter Menschen vorgetragenen Einschränkung begegnen wir immer wieder – auch an anderen Stellen.

Fragen wir beispielsweise Studierende der BWL in den ersten Semestern oder Studierende der Architektur, der Informatik im Rahmen der Vorlesung „Business Planning“, was sie unter Betriebswirtschaft verstehen, kommt meist die Antwort „alles, was mit Zahlen zu tun hat“.

Auch von Gründern, Unternehmern oder Managern haben wir diese Antwort schon gehört.

Sowohl die formulierte Phobie gegen Zahlen als auch die Einschätzung, dass Betriebswirtschaft allein mit Zahlen gleichzusetzen ist, sollte uns nachdenklich stimmen. Doch woher kommt es, dass Zahlen derart in den Fokus gestellt werden und solch eine führende Stellung verliehen bekommen? Liegt es daran, dass z.B. kaum jemand mehr die als Zahlenwelt wahrgenommene Steuermaterie durchblickt und dadurch eine Abwehrhaltung gegenüber Zahlen entstanden ist? Oder liegt es daran, dass in erster Linie Zahlen kommuniziert werden, wenn es um den Erfolg oder Misserfolg von Unternehmen geht?

Wir können nur Vermutungen anstellen. Lassen Sie uns deshalb gemeinsam eine Reise zu dem Ausgangspunkt aller betriebswirtschaftlichen Aktivitäten gehen: der unternehmerischen Idee.

Die Entstehung der Idee selbst könnte man als „Urknall des Unternehmertums“ und damit der Betriebswirtschaft verstehen. Gleichzeitig ist sie ein Hot Spot der Kreativität – womit wir bei unserer These angekommen sind, dass Betriebswirtschaft auf Kreativität beruht. Dies ist ein Gedanke, der schon so manchen ausschließlich zahlenorientierten Betriebswirtschaftler erschüttert hat.

Nehmen wir also die Idee und denken wir darüber nach, wie es weiter geht. Die Idee allein ist weit von der Umsetzung entfernt. Sie ist sie grundsätzlich noch verschwommen, nicht genügend konkretisiert. Denken Sie an einen Klumpen Ton, der eine erste grobe Kontur hat.

Nun beginnt ein kreativer Prozess, um aus dieser unternehmerischen Idee ein Produkt zu formen. Dabei ist es unerheblich, ob es sich um ein „echtes“ Produkt zum Anfassen handelt oder um eine Dienstleistung. Betriebswirtschaftlich betrachtet verstehen sich alle Angebote an Kundenzielgruppen als Produkte.

Um die Idee bzw. den „Klumpen Ton“ in Richtung Marktfähigkeit zu entwickeln, muss dieser modelliert werden. Wir konkretisieren die Idee, setzen uns Ziele, denken darüber nach, was man dafür zahlen würde und generieren daraus Fragen. Wir analysieren den Markt und prognostizieren dessen Entwicklung. Dabei wird abstrahiert, verschiedene Einflussfaktoren werden verknüpft, um Erkenntnisse zu gewinnen. Wir lernen von den Konkurrenten und sehen, „wie die das so modellieren – grobschlächtig oder filigran“. Wir denken über diejenigen nach, die unser Produkt kaufen sollen oder den Verkauf in irgendeiner Form beeinflussen könnten. Kreativität ist gefragt, wenn wir diese Erkenntnisse in die Ursprungsidee einfließen lassen. Wir modellieren, verfeinern den „Klumpen Ton“, weitere Konturen werden sichtbar.

Diese nun verfeinerte Tonfigur unserer Idee bildet die Grundlage für weitere Überlegungen: Wie gestalten wir unsere Funktionen Standort, Organisation, Vertrieb, Vertriebslogistik und Kommunikation, die im Markt die Idee an den Kunden bringen sollen? Können wir über die Ausrichtung und das Zusammenspiel der Einheiten Vorteile erreichen? Stellen wir den Kunden damit heute und künftig zufrieden?

Die Gestalt der Tonfigur wird immer ausgeprägter, sodass wir sie nun direkt mit der Konkurrenz vergleichen können, um zu sehen, wo unsere Stärken und Schwächen liegen. In diesen Kontext stellen wir den Markt sowie die

Prognose und erkennen Chancen und Risiken. Auch die Erkenntnisse daraus beeinflussen die Gestaltung unserer Figur, der Idee.

Wir sind nun soweit, die nächste kreative Phase zu starten und denken über die Wirksamkeit der Aktivitäten nach und was diese kosten. Wir überlegen, ob wir budgetintensive Aktivitäten durch andere, „intelligentere", preiswertere Aktivitäten ersetzen können. Ebenfalls ein kreativer Prozess.

Die Figur sieht gut aus. Sie hat Profil, ist aber noch ungebrannt, denn wir wissen noch nicht, ob wir sie letztendlich auch realisieren wollen und können. Wir müssen noch berechnen, ob sich ein Markteintritt lohnt – die Zahlen kommen auf uns zu. Unser Ausgangspunkt dafür: „Hinter jeder Zahl muss ein konzeptioneller Gedanke stehen." Die beschriebenen kreativen Abschnitte der Ideen-Modulation bilden also die Grundlage für den nächsten Schritt. Die bisherigen Überlegungen codieren wir in Zahlen, wie ein Künstler, der seine „gedachte" Musik in Noten festhält, und schauen nach der ältesten und noch heute gültigen Formel der Betriebswirtschaft: Umsatz minus Kosten ist Gewinn (vor Steuern!).

Abschließend wird die unternehmerische und persönliche Entscheidung getroffen, ob unsere Tonfigur, so wie wir sie modelliert und gestaltet haben, im Markt eine Chance hat, für uns ökonomisch interessant ist.

Falls ja, steuern wir unser Unternehmen durch die Strömungen und Klippen des Marktes und begegnen weitgehend vorbereitet den guten wie den schlechten Witterungen. Wir lernen, dass wir unsere Tonfigur weiter entwickeln, sie vervollkommnen, sie dem Markt anpassen. Der kreative Prozess geht weiter.

Und falls nicht, wenden wir uns anderen Dingen zu oder wir nehmen einen neuen Klumpen Ton ...

Ist nun Betriebswirtschaft wirklich eine „Disziplin der Zahlen ohne Seele" oder sind die Zahlen die Manifestierung aller kreativen Überlegungen, wie eine unternehmerische Idee zu einem Vorhaben entwickelt und als Unternehmung marktorientiert realisiert werden könnte. Was ist zuerst da – die Kreativität oder die Zahlen?

Das ist Kreativ|Wirtschaft.

Perspektive Umsatz.

Die Kosten kommen immer wie geplant,
nur der Umsatz kommt eine Periode später und dann nur zur Hälfte.

***

Kosten kann man senken
bis zum Stillstand!

***

Umsatz kostet.
Wer hätte das gedacht.

***

Kosten ohne Umsatz sind möglich,
Umsatz ohne Kosten jedoch nicht.

Perspektive Führung.

Der Fisch riecht vom Kopf
auch wenn der Schwanz noch so zappelt.
***
Sozialkompetenz
wird von Mitarbeitern
gefordert.
***
Der beste Schiffsbauer
ist nicht zwangsläufig der beste Kapitän.
***
Kann man Führung lernen?
Respekt – eine Frage der Erziehung.
Vorbild – eine Frage des Verhaltens.
Spirit – eine Frage der Einstellung.
Exzellenz – eine Frage des Lernens aus Krisen.
***
Unternehmerischer Spirit
ist hierarchiefrei.
***
Jedes unternehmerische Vorhaben
ist von seinem „Motor“ abhängig.
***
Welche Fähigkeiten benötigen Führungskräfte,
um Intrapreneure zu führen?
***
Wer vernetzt denkt, kann in jeder Organisationsform gestalten.
***
Man muss sich auch führen lassen können.
Man muss sich auch selbst führen können.
***
Führung und Kindererziehung zeigen schnell die Grenzen der
eigenen Fähigkeiten auf.
***
Jemanden „unter sich“ zu haben bedeutet nicht, führen zu können.

Könnte eine gute Führung ausmachen,
dass man Menschen hierarchisch „unter sich hat",
aber neben sich sieht?
***
Nichtwissen und Unfähigkeit führen gerne zu Kontrollwahn.
***
Wie viele Mitarbeiter hat Ihr Unternehmen?
Wie viele Mitdenker hat Ihr Unternehmen?
Wie viele Mitstreiter hat Ihr Unternehmen?
***
Verlust der Vielfalt tritt ein,
wenn ein Unternehmen seine Intrapreneure verliert.
***
Erfolg ist selten
die Sache eines Einzelnen.
***
Vorurteile sind vom individuellen Horizont abhängig.
Sie dienen der eigenen Orientierung,
Sie senden Signale der Zugehörigkeit.
In Zeiten der Veränderung täuschen sie Sicherheit vor.
Nicht nur in Zeiten der Veränderung blockieren sie *Neues Denken*.
Um Neues bewirken zu können, müssen zuerst die eigenen
Vorurteile erkannt und überwunden werden.
***
Nutze Vielfalt, um *Neues Denken* zu fördern.
Nutze die Ecken und Kanten, denn nur eine Null hat keine.
Auch Anecken muss gelernt sein.
***
Die eigentliche Konkurrenz ist außen, nicht innen zu finden.

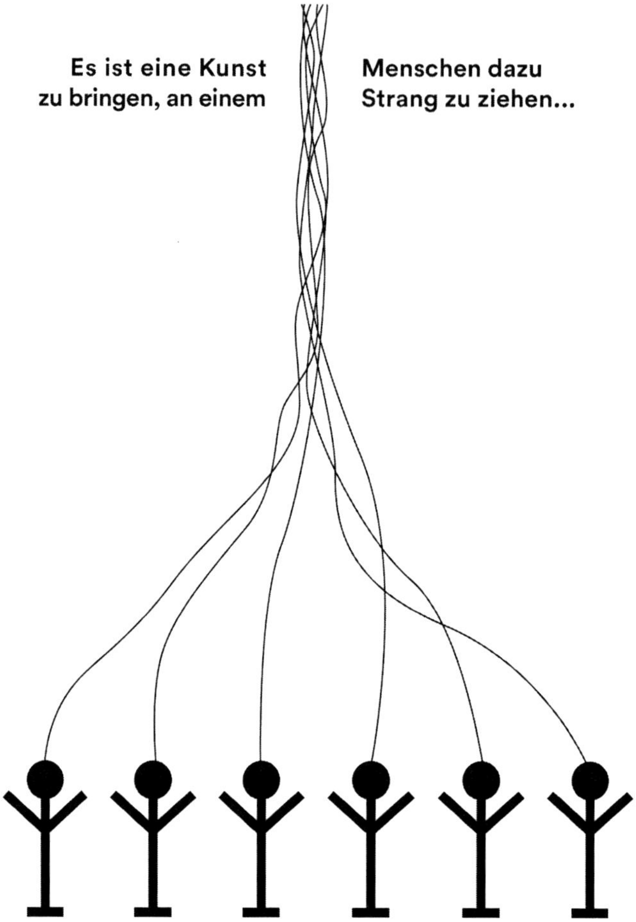

Vielfalt.

Je größer die Organisation, umso mehr Charaktere sind zu führen – Bürokraten, Nestbauer, Pioniere, Kontrolleure, Meinungslose, Arbeitstiere, Verpisser, Langimbürobleiber, Aussitzer, Früherwarallesbesserwisser, Devote, Opportunisten, Angsthasen, Fantasievolle, Besorgte, Fantasielose, Verdachtsschöpfer, Guteseelen, Hundertprozentige, Klapptdochnichtgewinner, Linientreue, Nachahmer, Erbsenzähler, Schwätzer, Rechthaber ... und als Querschnittsfunktion die Hierarchiegläubigen.

Eine Frage des Gleichgewichts.

Brauchen Organisationen Intrapreneure?
***

Intrapreneure
sind die Rebellen der Organisation?
***

Wie führt man Intrapreneure?
Können Rebellen nur von Rebellen geleitet werden?
***

Führungsfrage.
Kann ich die Fähigkeiten führen,
die ich von meinen Mitarbeiter:innen verlange?
***

Veränderungen herbeizuführen gelingt eher,
wenn sich dabei alle als Gewinner fühlen.
Denn Verlierer haben nichts zu verlieren.
***

Management by GMV
Gesunder**M**enschen**V**erstand
hilft öfter als man denkt.

Perspektive Entscheidung.

Derjenige, der die Entscheidung dafür oder dagegen fällen muss,
befindet sich im Raum persönlicher Einsamkeit.

***

Das „Wir-Gefühl“ einer Gruppe ist oft eine Selbsttäuschung.
Da die meisten Menschen die Schuld
erst einmal bei anderen suchen,
relativiert sich das „Wir“ bei der ersten Krise
– und die kommt bestimmt –
zum
DU!

***

Im schlimmsten Fall ist Ziellosigkeit das Ziel.

***

Der beste Weg andere entscheiden zu lassen,
ist die eigene Entscheidungslosigkeit.

***

Kein Angebot. Keine Unternehmung.
Keine Vermarktung. Keine Kunden.
Keine Liquidität. Kein Überleben.
Keine Entscheidung. Entscheidung!

***

Zugehört.

„Ich muss die unternehmerische Entscheidung unbedingt rational,
mit dem Kopf treffen!
Sie darf auf keinen Fall aus dem Bauch heraus getroffen werden!.
Ich denke, ich muss mit dem Vorhaben noch einen Moment
schwanger gehen.“

***

Entscheidungen mit Tragweite
benötigen alle Sinne des Strategen.

Perspektive Anforderungen.

Der Markt und die eigenen Ziele
definieren die Anforderungen an die Unternehmung.
***
Gute oder schlechte Vorbereitung?
Der Markt regelt das schon.
***
Die wahren Feinde der Strategen
sind oft innen und nicht außen zu finden:
Arroganz, Routine, Ignoranz.
***
Perfekt ist der Stratege,
der entspannt nach Perfektion strebt.
Alles andere ergibt sich daraus.
***
Über den Erfolg entscheiden andere.
Die Kunden.
***
Lösungen
lassen sich selten herbei zaubern,
noch weniger herbei zaudern.
***
Je enger der eigene Horizont,
umso einfacher lassen sich Entscheidungen treffen.
Sie können gut sein, sie können schlecht sein.
Doch gut ist seltener.

Perspektive Deutschkultur.

Alles hat einen Anfang und ein Ende.
Auch Unternehmen.
Nur nicht das deutsche Beamtendenken.

***

Aus „ohne Krawatte" entsteht noch lange keine Start-up-Kultur.
Eigentlich schade.

***

Solange wir die Berufsfelder
»Abhängige Beschäftigung« und »Selbstständige Tätigkeit«
nicht schon in der Schule als gleichberechtigte
berufliche Optionen verstehen und behandeln,
werden wir den künftigen Herausforderungen
kaum adäquat begegnen können.

***

Sie suchten den Unternehmergeist[1]
und fürchteten sich doch sehr,
als er[2] endlich vor ihnen stand.

[1] im Silicon Valley [2] in Deutschland

Wer braucht schon Unternehmen?

Unternehmen wollen Gewinn erwirtschaften. Auf den Gewinn müssen sie Steuern zahlen. Weiterhin sammeln die Unternehmen für den Staat unentgeltlich, sozusagen ehrenamtlich Steuern ein. Sie sammeln von ihren Kunden die Mehrwertsteuer ein, die auf jeder Rechnung ausgewiesen ist. Sie sammeln außerdem die Steuern von denjenigen ein, denen sie Arbeit geben, sie dafür entlohnen und die deshalb ebenfalls Steuern zahlen müssen – ihren MitarbeiterInnen.

Diese Steuern führen die Unternehmen regelmäßig ab, so dass aus vielen kleinen und größeren Quellen letztendlich drei Ströme – die eigenen, die eingesammelten und die einbehaltenen Steuern – dem Finanzamt regelmäßig zufließen. Sie vereinen sich zu einem Finanzstrom, der den Großteil der gesamten Steuereinnahmen ausmacht.

Was geschieht mit diesen, durch die Unternehmen erwirtschafteten Steuern auf den eigenen Gewinn, auf Lohn und Gehalt der MitarbeiterInnen, auf die Umsätze mit den Kunden?

Mit diesen Steuern werden die Aufgaben des Staates finanziert wie Infrastruktur, Sicherheit, Bildung, Gesundheit, Rente, Soziales, Kunst & Kultur sowie der dort Beschäftigten – und die Verwaltung. Auch der Staat entlohnt seine MitarbeiterInnen, die dann wiederum Steuern an den Staat zahlen müssen. Sie zahlen somit einen Teil des Geldes wieder an den Staat zurück, welches die Unternehmen ursprünglich erwirtschaftet und als Steuern abgeführt haben.

Wer braucht schon Unternehmen!

***

Wir neigen dazu,
statt unternehmerischem Verständnis
bürokratische Werte zu vermitteln.

Polaritäten 1
„Unternehmer sein sei genetisch festgelegt"
hält die einen davon ab,
sich aus ihrer 6-Wochen-bis-zum-Quartalsende-Scheinsicherheit-Komfortzone herauszubewegen.
„Unternehmer kann jeder"
hält die anderen davon ab, sich im Vorfeld ausreichend damit zu beschäftigen, ob sie es wirklich können und ob die Unternehmung es kann.

Polaritäten 2
Die Entscheidung, ein unternehmerisches Vorhaben nicht umzusetzen
wird von den einen schon als Scheitern verstanden und deshalb nicht in Erwägung gezogen.
Mit einer Unternehmung zu scheitern
zieht es oft nach sich, vor allem von nicht unternehmerisch Tätigen dafür gebrandmarkt zu werden.

Polaritäten 3
„Verrückt"
wirst du erklärt, wenn du kundgibst, dass du dich selbstständig machen willst.
„Neidisch"
schauen sie auf dich, wenn du als Selbständiger erfolgreich bist.

Polaritäten 4
Wenn du dich als Angestellter in der Organisation bewegst,
könntest du „auf der Strecke bleiben".
Wenn du dich als Unternehmer/in nicht bewegst,
bleibst du „auf der Strecke".

Gründergeist!
Angst & Scheitern
Vater Staat & Sicherheit
Notgründung & Rabenmutter
Domestizierter Deutscher Unternehmer:innengeist
***
Als Entrepreneur gelingt,
was dem Intrapreneur oft verwehrt wird:
freies Denken und Handeln.

Der schnellste Weg Karriere zu machen?
Selbstständigkeit.
Man steht sofort am Ende der Nahrungskette.
Damit einhergehende Anforderungen?
Oft unterschätzt!
Vielleicht kann man hineinwachsen?
Falls der Markt die Zeit dazu lässt!

Gründungskultur in Deutschland

Gründe mit 20,
und dein Umfeld findet dich geil.

Gründe mit 30,
und dein Umfeld ist darüber leicht befremdet.

Gründe mit 40,
und dein Umfeld erklärt dich für komplett verrückt.

Gründe mit 50,
und dein Umfeld bedauert dich.

Gründe mit 60,
und dein Umfeld stuft dich als etwas seltsam ein.

Gründe mit 70,
und dein Umfeld denkt über deine Zurechnungsfähigkeit nach.

Gründe mit 80,
und dein Umfeld diskutiert deine Entmündigung.

Anerkennung? Selten.
Neid? Gerne.

***

Deutsche
gründen anders!

Perspektive Bürokratie.

Polaritäten.
Verändern : Verharren
Innovation : Bürokratie
***

Was Parkinson schon wusste - Bürokratie beginnt als Einzeller.
***

Gute Nachricht?
„Auch dieses Jahr konnte das Bürokratiewachstum
gegenüber dem Wirtschaftswachstum
deutlich zulegen."
***

Bürokratieabbau.
Dafür haben wir spezielle Formulare entwickelt,
sagt das Amt für Bürokratieabbau.
Bürokratie hat die Eigenschaft,
sich wie der Kopf der Hydra eigenständig,
still und leise zu vervielfältigen.
***

Es ist das gute Maß an Bürokratie,
welches Bürokratie nützlich und somit erträglich macht.

Perspektive Scheitern.

Warum fehlt Erfolgreichen, Mächtigen
so oft die nötige Demut für diese Position?
Nie gehabt? Hinderlich? Verloren?

***

Die ewig Negativen sind immer wieder auf der Gewinnerseite.
Denn eine verpasste Chance
ist selten mit einem Makel behaftet – im Gegensatz zum Scheitern.

***

Gescheitert!
„Hätte ich nur nachgedacht!"
Wann entstand die Mär,
dass Nachdenken schädlicher sei, als es nicht zu tun?

***

Evolution.
Guter Pragmatismus
zeigt sich gepaart mit Weitsicht.
Schlechter Pragmatismus
charakterisiert sich gerne durch die Kombination von
Ahnungslosigkeit mit Tatendrang.
Das macht Evolution so spannend.

***

Scheiterkultur.
Man kann diese Kultur zelebrieren oder
durch vorheriges Nachdenken vielen Ursachen begegnen.

***

Fuck-up-Nights.
Wir Deutsche können noch nicht richtig gründen
und feiern schon das Scheitern.

***

Gute Fehler.
Ich habe darüber nachgedacht, aber falsch entschieden.
Schlechte Fehler.
Hätte ich darüber nachgedacht, hätte ich anders entschieden.

Nachruf
am Grab des unbekannten Unternehmers:
„Er war ein guter Handwerker!"
***

Planung, die sich im täglichen Leben bewährt hat,
wird im unternehmerischen Bereich oft außer Kraft gesetzt.

Während der Deutsche beispielsweise
seinen Urlaub bis ins letzte Detail plant,
wird die eigene unternehmerische Tätigkeit
oftmals mit weniger Sorgfalt angegangen.
***

Es scheint so, dass wir lieber eine Kultur des Scheiterns propagieren statt einer Kultur des Vorbereitens, indem wir billigend unternehmerisches Scheitern von Gründern und Start-ups in Kauf nehmen.

Warum opfern wir in Deutschland so leichtfertig unsere raren Entrepreneure, anstatt sie fundiert vorzubereiten und zu unterstützen?

Wäre es nicht effizienter darüber nachzudenken, wie man ein Scheitern minimieren kann, als sich darüber Gedanken zu machen, wie eine Kultur des Scheiterns etabliert wird. Was nutzt die schönste Friedhofskultur, wenn das Gesundheitskonzept nicht stimmt?

Begeistert strömen wir zu einer „Fuck-up-Night" und sind fasziniert von der Kombination von Therapie und Voyeurismus. Día de los Muertos und Fuck-up-Night – beides aus Mexiko. Hat doch Witz?!
***

Die dunkle Seite des deutschen Gründergeistes:
Businessplanschreibenlassen.
***

Deutsche
scheitern anders!

Perspektive Planung.

Intuition spielt eine nicht zu vernachlässigende Rolle.
Dabei ist festzustellen, dass man nicht immer wissend sein muss,
um instinktiv das Richtige zu tun.
Allerdings stellt sich die Frage,
ob die Momente des Instinkts auf Dauer genügen,
eine Unternehmung effizient und erfolgreich zu führen.
Die Qualität der Intuition wird durch Erfahrung, Wissen,
Einstellungen,
Fähigkeiten und Verhalten beeinflusst,
durch (Nach)Denken schon in der Planungsphase geschärft.
Vielleicht liegt hier der Unterschied
zwischen „bauernschlau“ und „strategisch klug“?

Unternehmerisches Handeln ohne strategisches Denken kann zur Liquidation führen.

Gier
ist die größte Feindin der Planung,
Hast ihr Verbündeter.

***

Realismus endet zwischen Gegenwart und Zukunft.

***

Mit den Fakten ist das immer so eine Sache,
wenn es um die Zukunft geht.

Wer versucht, alleine zu konzipieren,
ist dem eigenen Denken ausgeliefert.
***

Barrieren.
Obwohl sie es verdient hätte,
können wir der Zukunft nicht frei begegnen,
wenn wir die Vergangenheit nicht hinter uns lassen.
***

Reihenfolge.
Was verlangen Ziele und Markt,
dominiert die Frage,
welche Ressourcen zur Verfügung stehen.
***

Wer groß denkt,
schafft es auch, kleiner zu denken.
Wer klein denkt,
kann selten größer denken.
***

Wenn das Tagesgeschäft bis zum Hals steht
steht das Heute im Vordergrund,
das Morgen im Hintergrund
und das Übermorgen am Abgrund!
***

Konzeption und Zahlen
stehen im ständigen Dialog.
***

Zahlenwerke der unternehmerischen Planung
sind nichts anderes als in numerischen Zeichen
codierte konzeptionelle Gedanken.
***

Hinter jeder Zahl
steht ein konzeptioneller Gedanke
***

Der Entrepreneur selbst
ist der 1. Investor.
***

Alle Optionen der unternehmerischen und persönlichen
Entscheidung sind zuzulassen:
STOP | OR | GO

Nur wer die in numerische Codes
transformierten konzeptionellen Gedanken decodieren kann,
kann auch steuern.
***

Planen macht den Strategen auf keinen Fall dümmer.
Dafür macht Nichtplanen auf jeden Fall nicht klüger – vor allem nicht vor dem Schaden.
***

Das Fällen von Entscheidungen in der Planungsphase
ist eine gute Übung für eine Realisierungsphase.
***

Entscheidungen können auch sehr gut mit hoher Emotionalität
und ohne den Prozess des Nachdenkens gefällt werden.
Viele Liquidationen beruhen darauf.
***

Neu-Denken verlangt auch, bisher Akzeptiertes kritisch zu betrachten. Dabei sollte unbedingt die ursprüngliche Intention der damaligen Entscheidung mit einbezogen werden – in welcher Zeit fand sie statt, in welchem Umfeld, unter welchen Umständen?
***

Planung ist keine Routine,
sondern ein kreativer Prozess.
***

Der Gewinn in einer Planung liegt auch darin,
überhaupt über die Zukunft nachzudenken.
***

Die Zukunft
ist eine Zeit ohne Fakten.
***

Für eine Zeit ohne Fakten
müssen Orientierungspunkte geschaffen werden.
***

Das Wissen
um das Nichteintreffen der unternehmerischen Planung
in der Umsetzung,
nach einer fundierten Auseinandersetzung mit dem Vorhaben,
führt eben nicht zu Nichtwissen.
***

Im Umgang mit der Zukunft ist es besser Fragen zu generieren, auf die es noch keine Antworten gibt, als nicht einmal die Fragen zu kennen, die man stellen sollte.

***

Der erste Hinweis auf unternehmerische Courage
findet in der Planung statt,
wenn Annahmen getroffen werden müssen,
um eine Entscheidungsgrundlage herbeizuführen.

***

„Learning by thinking"
entlastet
„Learning by doing".

Man könnte fast sagen,
„Learning by thinking"
reduziert
„Learning by sinking".

***

Ein Ziel als Orientierung in der Zukunft zu setzen erlaubt,
eine Vielzahl von Konsequenzen daraus ableiten zu können.

Im Umkehrschluss bedeutet dies:
Keine Ziele, keine Einschätzung der Konsequenzen,
keine fundierte Entscheidung.

***

Plausibilitäten sind die Basis für die unternehmerische Entscheidung.

***

Eine Planung, die realistisch erscheint,
aber nicht plausibel,
sollte zwingend überdacht werden.

***

Wer der Vergangenheit unterstellt,
dass sie sich in der Zukunft genauso wiederholt, vergisst,
dass Rahmenbedingungen sich verändern können.

***

Die Zukunft ist grundsätzlich abstrakt.
Der Umgang damit liegt nicht jedem.

Es ist klüger zu akzeptieren es nicht zu wissen und damit umzugehen,
als sich vorzugaukeln, dass Nichtwissen Faktenwissen sei.
Das ist ein Fakt.

***

Wer Planung grundsätzlich verwirft, hat nicht verstanden,
dass auch der Weg das Ziel ist.
Damit ist der erste strategische Fehler schon begangen.

***

Das Ziel weist den Weg.
Der Strategische Prozess entwickelt das unternehmerische Vorhaben.

Der Weg ist das Ziel.
Der Didaktische Prozess entwickelt den Strategen.

***

Streiche die Vermarktung!
Die Ressourcen brauchen wir für ein besseres Ergebnis.

***

Hast du im Rahmen einer Planung nachgedacht,
haben auch Zufall und Glück eine gute Chance.

***

Im Nachhinein überraschend schlauer sein zu müssen
ist möglicherweise dümmer,
als im Vornhinein mit strategischem Kalkül
etwas klüger zu sein.

***

Der Akt der Planung unterscheidet den Kurz- vom Weitsichtigen,
den vermeintlich Wissenden vom wissenden Unwissenden,
den eindimensionalen Entscheider vom mehrdimensionalen Entscheider.

***

Statt mit der eigenen,
durch die Planung bewusst werdende Unsicherheit aktiv
umzugehen, wird die Planung selbst als sinnlos eingestuft.
Schuld sind doch immer die anderen.

***

Das Wissen um Wirksamkeiten
beeinflusst den Erfolg eines unternehmerischen Vorhabens.

Bisher kam es noch nie vor,
dass ein Stratege nach einer unternehmerischen Planung
dümmer war als vorher – möglicherweise etwas unsicherer,
aber vielleicht ist das ist der Preis für Erkenntnis.
Es gibt nichts umsonst.

***

Es liegt eine gewisse Spannung darin,
dass man nach einer Planung nicht dümmer,
aber ohne Planung nicht klüger ist als vorher.

***

Die Qualität einer Planung
zeichnet sich durch ihre Plausibilität aus
und nicht durch ihre Vorhersagekraft.
Ein weiterer wesentlicher Aspekt für die Qualität der Planung ist,
dass der Stratege die Zahlen der Planung
vor allem sich und dann anderen erklären kann.

***

Gerne wird darüber gesprochen,
dass man nicht planen, also vorher nachdenken,
sondern einfach „Glück“ haben muss,
um als Unternehmer erfolgreich zu sein.

In diesem Zusammenhang spricht aber kaum jemand über das
„Pech“, der dunklen Seite des „Glücks“.
Diesem kann man, so man sich unternehmerisch bewegt, um das
„Glück“ zu finden, ebenso begegnen.

Um dem „Pech“ ein Schnippchen zu schlagen,
könnte man sich zum Beispiel damit auseinandersetzen,
in welcher Konstitution die Unternehmung diesem begegnen will,
wie man gar vermeiden könnte es zu treffen oder
mindestens die Chance eines möglichen Treffens reduziert.

***

Davor Nachdenken ist klüger als danach Nachdenken.
Aber beides ist sinnvoll.

***

Glück? Glück hat man nur dann, wenn man sich bewegt.
Am besten durchdacht. Immer wieder.

Planung stärkt auch das Selbstbewusstsein des Strategen.

***

Planung dient auch dazu,
dem positiven Zufall eine bessere Chance einzuräumen
und dem negativen Zufall möglichst aus dem Weg zu gehen.

***

Wer kein Ziel setzt,
dem fehlt die Orientierung für die Zukunft.
Wer das Ziel nicht kennt
hat keinen Maßstab, um Entscheidungen zu fällen.

***

Planung kann nicht nur Leben retten.

***

Erkennen, verstehen, entscheiden
sollte unternehmerischen Taten vorausgehen.

***

Gute Strategen umarmen die Zukunft
und hadern nicht mit ihr.

***

Der Plan
dient nicht einem hirnlosen Abarbeiten,
sondern der Orientierung in der Zukunft.

***

Hoffnung lässt gerne
Plausibilität vermissen.

***

Ein Plan definiert keine Leitplanken.
Er zeigt eine Leitlinie zur Orientierung in der Zukunft.

***

Nur wer die richtigen Fragen kennt,
findet gute Antworten.

Perspektive Digitalisierung.

Auch wenn dem Strategen über das Internet das Wissen der Welt
und damit die Antworten zur Verfügung stehen,
muss er vorher die richtigen Fragen stellen können.

***

Wir nutzen die Digitalisierung, andere beherrschen sie.

***

Wir sind das Volk.
Deutschland
hat die wahrscheinlich umfangreichsten Steuergesetze
und die beste Datenschutzverordnung der Welt.
Andere
haben die virtuelle Hoheit, ziehen daraus reale Macht,
und haben die Kraft der Veränderung.
Wir sind die Daten.
Datenschlachtvieh.

***

Bezahlmodell der Zukunft.
Was folgt auf Datenschlachtvieh? Organlieferanten?

***

Meinungsfrei.
Früher hatte jedes Dorf seinen Trottel.
Er sagte, was er wollte.
Heute haben diese Trottel ein Dorf.
Sie posten, was sie wollen.
Rechtsfrei.

***

Engpass sind nicht die richtigen Antworten,
sondern die richtigen Fragen.
Sie eröffnen den Zugang zum Wissen der Welt.

Nebenwirkungen.
Kachelphobie
Gerätestreichler
Datensauger
***

Smarte Beobachtungen.

Werden die Hunde virtuell,
wenn gehandykapt kein Stöckchen geworfen wird?

Verstehen die Kinder Digitalisierung,
weil ihre Eltern smart, statt mit ihnen kommunizieren?

Sinken die Scheidungsraten,
weil keiner der beiden den Kopf mehr hebt?
***

Keine Angst vor künstlicher Intelligenz.
Es klappt schon oft nicht mit der natürlichen.
***

Wenn der Algorithmus alleinig darüber entscheidet
was du siehst und was dich glücklich macht,
werden aus Horizonten Tunnel.
***

Oberflächlich.
Digitalisierung meint nicht Oberflächennutzungskenntnis.

Perspektive Innovation.

Es ist nicht das Problem innovativ zu sein,
sondern genug Unterstützer zu finden,
die bereit sind neue Wege mitzugehen,
statt zu bewahren.

***

Ohne die Aufgeschlossenheit der Frauen gegenüber Neuem
wäre das Rad wahrscheinlich heute noch quadratisch.

***

Innovation bedeutet für den Bürokraten
ein verändertes oder neues Formular.
Immerhin.

***

Eine unternehmerische Idee begegnet meist zehn Personen,
die sofort erklären, warum es nicht geht.
Die Kunst besteht darin, den einen „Leuchtturm“ zu finden,
der lösungsorientiert darüber nachdenkt, wie es gehen könnte.

***

Es sind vor allem diejenigen von Innovationen besonders erschreckt,
die Entwicklungen bis dahin verschlafen haben
oder an fehlendem Vorstellungsvermögen leiden.
Von beiden gibt es nicht wenige.

***

Wie unvorstellbar
ist eigentlich unvorstellbar?

***

Innovationstreiber?
Neugier und Not!

***

Innovation hat einen wesentlichen Nachteil!
Es ist anders als das Gewohnte.

***

Neues Denken
verlangt die Komfortzone zu verlassen.

Die Einschätzung „das geht nicht“
kommt oft von Menschen,
die nur ihre eigenen Wege als richtig anerkennen
und deshalb die vielen anderen nicht sehen können.

***

Innovationskiller

Gefahrenklasse A: Jeder selbst, permanent.
Gefahrenklasse B: Machterhalt, Dünkel, Neid.
Gefahrenklasse C: Angst, fehlendes Vorstellungsvermögen, Vorurteile.
Gefahrenklasse D: Die Karo-Anzahl der Kleinkarierten.

***

Ökosystem.

Nährboden.
Bildung & Sicherheit, Handlungsrahmen & Infrastruktur
Dünger.
Freiheit & Freiraum, Respekt & Vielfalt
Saatgut.
Fähigkeiten & Ressourcen, Ziele & Courage

***

Eine innovative Idee
erkennt man hierzulande auch daran,
dass gefragt wird, wer sie denn schon nutzt.

Perspektive Mittelmaß.

Der Mittelmaßstratege

Du lässt dir schmeicheln, siehst nur was du sehen willst.
Allein stehst du am Ende der Nahrungskette,
weil du die mit anderer Meinung nach und nach killst.
Deine „Freunde“ sind unkritisch, alles sind Nette.
Du gibst dich hin dem Los des Despoten.
Dir fehlt ein Hofnarr, der die Wahrheit spricht.
Umgeben bist du von einer Vielzahl Devoten –
dann bist du vielleicht glücklich, aber klug bist du nicht.

***

Wenn es Schwarmintelligenz gibt,
gibt es auch Schwarmdummheit.

***

Welche Beweggründe stehen dahinter,
Leistungsfähige an der Leistungsfähigkeit des Durchschnitts
ausrichten zu wollen?
Angst?
Vor was?

***

Wir lehnen die Streber ab
und definieren uns damit zum Mittelmaß.
Wenn wir aber Hilfe brauchen,
dann hätten wir gerne die Besten, die sich um uns kümmern.
Wir Mittelmäßigen sind ein lustiges Völkchen.

***

Wir können uns anstrengen wie wir wollen – das Mittelmaß gewinnt.
Wir sollten aber nicht aufhören uns anzustrengen,
sonst sind wir mittelmäßig.

***

Deutsche Stechkartenmentalität.
Die Präsenz des Körpers steht für Arbeit.
Alles andere ist unvorstellbar.

***

Ahnungslos macht furchtlos.
Manchmal mag man tauschen.

Die Exzellenz der Schwachen liegt darin,
zielsicher einen Schuldigen
für die eigenen Unzulänglichkeiten zu finden.

***

Neben der „schöpferischen Zerstörung“
gibt es auch die „destruktive Zerstörung“
durch Machtstreben und Missgunst.

***

Mittelmaß ist hierarchiefrei.
Mittelmaß ist titelfrei.
Mittelmaß ist grenzenlos.
Sind wir nicht alle etwas Mittelmaß?

***

Im Gegensatz zu Wissen haben Vorurteile den Vorteil,
dass sie ohne Mühen und Wissen gebildet werden können.

***

Manchmal scheint es, als sei Nachdenken eine Schande.

***

Das Interessante an Dummheit ist, dass sie grenzenlos funktioniert.
Wirklich beunruhigend dabei ist, dass sie auch noch zeitlos scheint.

***

Wenn der Pinsel keinen geraden Strich ziehen kann,
ist nicht der Pinsel schuld.

***

Genialität der 1. Ordnung
Das eigene Unvermögen als Vorwurf formulieren.
Genialität der 2. Ordnung
Das Recht, nicht zu verstehen, steht jedem zu.
Bei dieser Sachlage zu behaupten, man hätte recht,
kommt einer Art von Genialität gleich.

***

Solide ist vielleicht nicht sexy oder geil,
kann aber Leben retten.

***

Über Wissen zu verfügen ist keine Fähigkeit.
Aber Unfähigkeit
ist auch auf fehlendes Wissen zurückzuführen.

Tumb lebt sich´s leichter.
Zu dumm.
***
Kann Überfilzung
zu ökonomischer Inzucht führen?
***
Nur wer schon alles weiß, wird nicht klüger.
***
Wissen ist ein rares Gut.
***
Wer nichts macht, macht nichts verkehrt?
Nichts zu machen, ist Haltung und Handlung zugleich.
***
Forschen und Untersuchen
erfährt oft mehr Engagement,
als die Anwendung der gewonnenen Erkenntnisse.
***
Bildungsoffensive.
Gibt es eigentlich ein Grundrecht auf Dummheit?

Perspektive Strategie.

Der bessere Stratege ist sich der Unsicherheit bewusst.
Er umarmt sie, um mit ihr umzugehen.

***

Nur der ungeübte Stratege
sucht nach Eindeutigkeit in der Zukunft.

***

Erfahrung
birgt auch Risiken.

***

Wer noch träumen kann, kann auch kreativ.

***

**Wer ständig mit dem Kopf nach unten arbeitet,
dessen Horizont endet direkt vor seinen Füßen.**

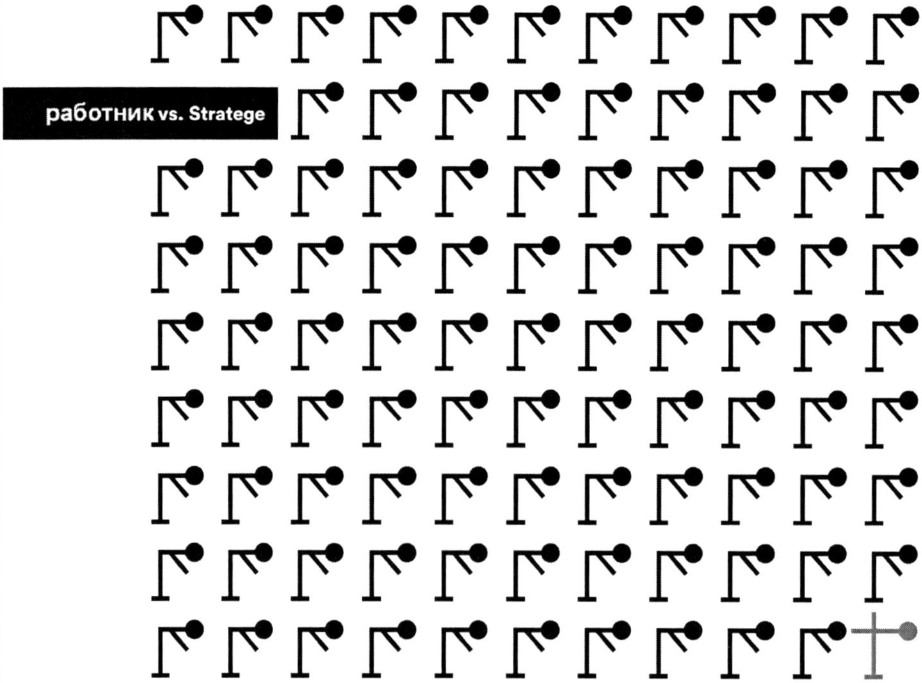

Ein großer strategischer Fehler liegt darin zu glauben,
wir würden etwas durchgängig zu 100% beherrschen.

***

Danke dafür Bernd.
Planung ermöglicht es dem Strategen,
einen künstlichen Horizont zu skizzieren.

***

Erst die „Truppen“ aufstellen! Dann starten.

***

Furcht warnt,
Angst weckt,
Panik tunnelt.

***

Der Stratege ist sich selbst
der größte Feind.

***

Hast und Hoffnung.
Zwei unstete Begleiter des Strategen.
Arroganz und Ignoranz.
Zwei gefährliche Begleiter des Strategen.
Pech und Glück.
Zwei launige Begleiter des Strategen.

***

Die Gratwanderung
zwischen Starrsinn und Beharrlichkeit
fordert den Strategen in der Umsetzung.

***

Strategie und Routine schließen sich aus.
Neues Denken ist eine permanente strategische Anforderung.

***

Je eingeschränkter der Horizont des Strategen,
umso leichter ist es für ihn, eine Entscheidung zu finden.
Je weiter der Horizont,
umso breiter ist die Klaviatur seiner strategischen Möglichkeiten.

Horizonte

Strategisches Arbeiten ist in hohem Maße vom jeweiligen Horizont und der damit verbundenen Wahrnehmung abhängig. Horizonte werden unter anderem von Wissen, Erfahrungen, Einstellungen, Fähigkeiten und Verhalten beeinflusst. Die diesbezügliche Entwicklung kann bis zu einem gewissen Grad an Lebensabschnitten orientiert werden.

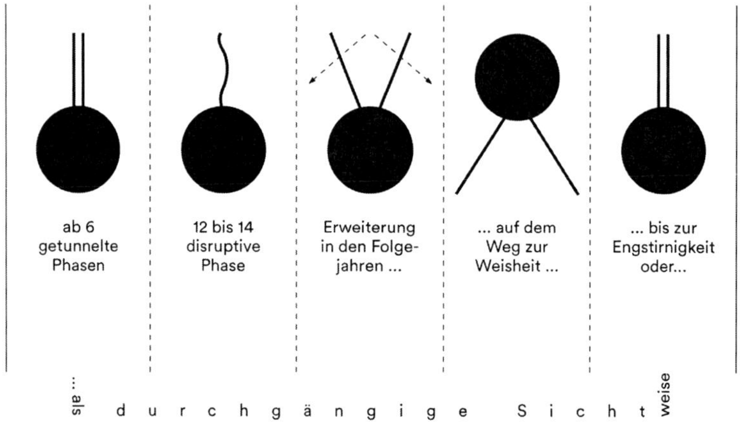

So ist bei Schulkindern, die morgens auf dem Weg zur Schule die Fahrbahn überqueren müssen, folgendes zu erkennen. Sie schauen links, sie schauen rechts und rennen dann allerdings – wie gelernt eine Hand nach vorne gestreckt – mit dem Kopf nach unten oder starr geradeaus blickend über die Straße. Sozusagen „getunnelt“ findet ein weiteres Überprüfen des Verkehrs auf dem Weg zum Ziel nicht mehr statt.

Im weiteren Verlauf wird die Entwicklung des Horizontes durch eine temporäre „Krankheit“ disruptiv beeinflusst – die pubertäre Phase.

Danach ist eine zunehmende Erweiterung des Horizontes auf Grund gewonnener Erfahrungen zu verfolgen – bis hin zu einer gewissen Weisheit.

Andererseits ist festzustellen, dass Engstirnigkeit und damit verbundener Starrsinn der Horizonterweiterung entgegenwirken kann.

Allerdings ist Engstirnigkeit tatsächlich von den Lebensphasen, respektive vom Alter, unabhängig. Offensichtlich wird dies vor allem dann, wenn *Neues Denken* abverlangt wird.

Horizontvarianten.

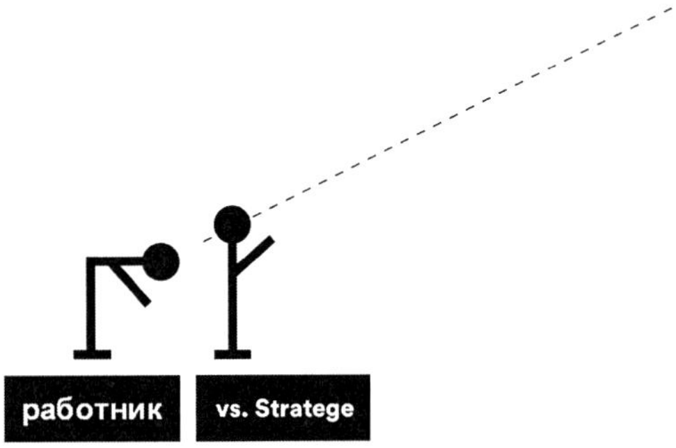

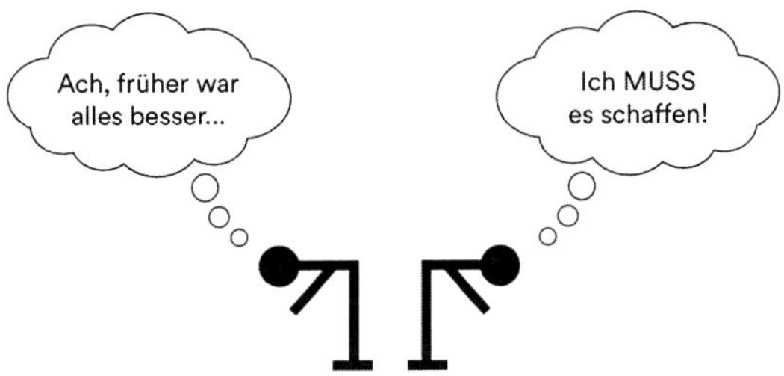

8 Regeln erfahrener Strategen

1. EINSTELLUNG
Der Stratege steht der Planung positiv gegenüber und weiß um ihren Nutzen für ihn. Er ist sich bewusst und hat akzeptiert, dass Planung nicht Vorhersage, sondern Auseinandersetzung bedeutet.

2. TRAINING
Planung ist das Training für den Strategen, um sein Wissen, seine Wahrnehmung, seinen Horizont und seine Fähigkeiten für Realisierungsphasen zu entwickeln. Er ist sich darüber bewusst, dass sein Können ein Wettbewerbsvorteil sein kann.

3. ORIENTIERUNG
Der Stratege versteht Zielsetzung als Orientierung in die Zukunft, um diese zuerst erfassen und später, um eine Unternehmung steuern zu können.

4. PLAUSIBILITÄTEN
Der Stratege weiß darum, da seine Entscheidungen darauf beruhen, dass die Planung plausibel erscheint – bezogen auf seine Ziele auf den relevanten Markt.

5. ENTSCHEIDUNGEN
Der Stratege lässt im gesamten Prozess die drei Entscheidungsoptionen STOP | OR | GO zu. Er ist sich weiterhin darüber im Klaren, dass seine Entscheidungen unternehmerisch und persönlich beeinflusst sind.

6. UMGANGSFORMEN
Der Stratege übt sich fortwährend in Geduld, Demut, Weitsicht sowie Respekt gegenüber Menschen und Natur.

7. PLANUNG
Die besten Strategen haben eine konkrete Strategie.

8. REALISIERUNG
Die besten Strategen haben keine feste Strategie.

Erfahrung
ist für die Zukunft neu zu bewerten.
***

Um objektiv zu betrachten,
sollte man auf die eigenen Schultern steigen können.
***

Veränderung verlangt Veränderung.
Zuerst von sich selbst.
***

Unternehmerische Intelligenz
ist die Arche in disruptiven Zeiten.
***

Die einen können auch Ziele,
andere nur Kosten.
***

Lieber ein kleines Stück vom Kuchen,
als am großen erstickt.
***

Zukunft
findet auch ohne uns statt.
***

Neues Denken verlangt,
sich von Vorurteilen zu befreien.
***

Wenn Zukunftsangst die Gedanken beherrscht,
haben Gegenwart und Zukunft verloren.
***

Brainshaking.
Schüttle dein Hirn.
Denk´ Neu.
Provoziere dich!
Denk´ Neu.
Denk´ dich frei.
***

Erfahrung birgt die Gefahr,
die Zukunft mit dem Wissen der Vergangenheit zu bewerten.

Perspektive Respekt.

Unternehmerisches Dasein verlangt Respekt.
Seitens der Unternehmer:innen gegenüber Gesellschaft, Menschen und Natur.
Seitens der Gesellschaft gegenüber den Unternehmer:innen.

***

Nur weil wir Pflanzen nicht hören können, bedeutet dies nicht, dass sie keine Schmerzen haben.

***

Niemand würde sich seinen Stuhl unter dem Hintern wegsprengen. Aber genau das tun wir. Wir haben auf unserer Erde noch nicht das letzte Tier, die letzte Pflanze entdeckt, dafür die ersten aufgegessen oder einfach vernichtet, ohne sie zu kennen und suchen Ersatz für die Erde im Universum. Bruder Welt geht unter und Kainer ist schuldig.

***

Wir Menschen sind eine seltsame Spezies. Wir sind kaum fähig, Leben von Tier, Pflanze und Mensch zu bewahren. Vielmehr gehen wir damit respektlos um. Gleichzeitig versuchen wir neues Leben zu erschaffen. Für was eigentlich? Für wen eigentlich? Wir sind doch schon mit dem, was vorhanden ist, permanent überfordert.

***

Die Gier nach noch billiger
ist unser Preis für Ausnutzung und Zerstörung.

***

Wer will eigentlich „immer billiger"?
Der Konsument? Sicher?
Oder ist es nur eine Vermutung?
Was kostet uns diese Vorgehensweise?

***

Für mich reicht´s noch.
Für die Kindeskinder?
Ich weiß ja nicht, ob meine Kinder
in der Welt, die dann noch übrig ist,
überhaupt welche wollen.

Was den Menschen von anderen Lebewesen
auf dieser Welt unterscheidet?
Der Zerstörungswille. Macht uns das intelligenter?
***

Fällt in diesem Jahrtausend die Entscheidung?
Was wird sich durchsetzen?
Die Freiheit der Demokratie oder die Einfachheit der Diktatur?
Wer wird stärker sein?
Mensch mit Zerstörungstalent oder Schabe mit Überlebenstalent?
***

Was wäre, wenn ÖKOnomie und ÖKOlogie in Harmonie stünden?
Mensch, sei erfinderisch!
***

Lebenssuchend beschäftigen wir uns mit fernen Planeten.
Lebensmüde vernichten wir den Planeten auf dem wir leben.
So nebenbei.
Wir leben im Paradies und suchen es unaufhörlich.
***

Short-Fiction
Aliens kommen auf diesen Planeten und behandeln uns so,
wie wir Tiere, Pflanzen, Artgenossen.
***

Natur hat erst dann wieder einen Wert,
wenn deren Erhalt und Wiederherstellung Aktien steigen lassen.

Perspektive Positionen.

Traue keinem der sagt:
„Ich stehe hinter dir" – die Position ist Programm,
du stehst allein im Feuer und glaubst als Erster dran.
Glaubt er an dich, sollte er zumindest an deiner Seite stehen.
Besser wäre es, er würde sich trauen, vor dir zu gehen.

***

Sie opferten alles für uns:
die Wahrheit, die Aufrichtigkeit – nur nicht ihren Drang nach Macht.

***

Nachhaltigkeit definiert sich oftmals über den Zeitraum einer Person
in der ihr überlassenen verantwortlichen Position.

***

Die Größe einer Organisation sowie deren Lebensdauer ohne
nennenswerte Veränderungen bestimmt deren
Bürokratisierungsgrad.

***

Eier in der Hose
wünschen sich gerne die vielen in der Komfortzone von den wenigen
in der Kampfzone.
Je weiter entfernt, desto lauter die Rufe.

„Viel Glück"
sagte der Vorstand zu ihm
und zog sich aus dem operativen Geschäft zurück,
um sich dem Strategischen zu widmen.

***

Wenn jemand zu dir sagt: „Ich vertraue Dir!", ist das beruhigend.
Wenn jemand zu dir sagt: „Vertraue mir!", ist das beunruhigend.

Perspektivisch.

Unsicherheit
ist der Preis für Freiheit.
***

Wird Politik
von Seiten der Unternehmen
als negative Rahmenbedingung verstanden,
sind beide belastet.
***

Führt Impertinenz
eher zum Erfolg als Arroganz und Ignoranz?
***

Risikofrei.
Es ist eher karrierefördernd
Dinge anzuprangern,
statt sie zu ändern.
***

Freiheit
erleidet immer dann Verluste,
wenn sie strapaziert wird.
***

Geld
ist im Gegensatz zu einer guten Erziehung
eher flüchtig.
***

Extreme sind Reaktion?
***

Dr. Hörig
Da buckeln sie immer noch vor dem Dr.
Dabei sind gute Handwerker viel seltener.
***

Der Prophet gilt nichts im eigenen Land,
bis er endlich gestorben ist.
***

Genialität ist,
wenn ein Vortragender seine Antworten so formuliert,
dass aus geistlosen Fragen brillante werden.

Wer nicht zuhört, kann auch nicht entkräften.
***
So manches dicke Brett
muss nicht horizontal,
sondern vertikal gebohrt werden.
***
Mit entsprechendem Wissen,
kann man etwas preiswert bekommen.
Ahnungslos, bekommt man es eher billig.
***
Ergänzung.
Männer sehen Dinge, die Frauen nicht sehen.
Frauen spüren Dinge, die Männer nicht spüren.
Ein gutes Team!
***
Oft wird geredet und nichts gemacht,
dann wird gemacht
und nicht vorher gedacht.
***
Früher war nicht alles besser.
Wir waren nur jünger.
***
„Das geht nicht ins System."
Ich bin doch auch nur Opfer!
***
Wir sind immer für unsere Kunden erreichbar!
„Wenn Sie allgemeine Informationen wünschen, wählen Sie die #1.
Wenn Sie bestimmte Informationen wünschen, wählen Sie die #2.
Wenn Sie ..."
***
Ist Bedarf zu erkennen,
bedeutet dies nicht automatisch, dass entsprechende Bedürfnisse
gegeben sind.
***
Schlechter Tag.
Wieder etwas gelernt, was ich vorher schon wusste.
Guter Tag.
Vorher daran gedacht.

Drei Bereiche, denen gerne unterstellt wird, dass sie jeder kann:
Kinder erziehen,
weil das Können mit der Produktion einhergeht?
Menschen führen,
weil das Besetzen einer Position dazu legitimiert?
Unternehmer sein,
weil das Können ein Produkt herzustellen auch dazu befähigt?
***
Wenn viele gleichzeitig das Gleiche glauben,
wird der Glaube als wahr wahrgenommen.
***
Wenn alle das Gleiche tun,
muss das nicht der beste Weg sein.
***
Wissen wirkt Horizonte.
Nichtwissen wirkt Angst vor Neuem.
***
Eine gute Beratung
macht den Kunden unabhängig davon.
***
Wer fragt,
versteht.
***
Tun ist nicht gleichzusetzen mit Können.
***
Eine besondere Art der Einsamkeit entsteht,
wenn dein Umfeld nicht schweigen kann,
sondern alles gleich weitererzählen muss.
***
Weil wir etwas nicht wissen,
bedeutet das leider nicht,
dass es falsch ist.
***
Danke dafür Viktor.
„Wer evaluiert, beurteilt sich auch selbst."
***
Coaching.
Wir können dir die Blume zeigen, pflücken musst du sie selbst.

„Man lernt spätestens aus Erfahrung", stimmt nur eingeschränkt.
Es scheint, als würden wir Menschen aus Erfahrung eben nicht klüger.
Solange Machiavelli und Konfuzius zitiert werden können
und alle wissend lächelnd zustimmen,
ist das ein Indikator dafür, dass die Menschheit
aus Erfahrung nicht klug wird.

***

X-Women

In Deutschland zählen Sozialschwache, Arbeitslose, Migranten, Gehandikapte und Frauen zu den benachteiligten Gruppen.
Interessant ist, dass man als Mensch mit zwei X-Chromosomen nicht einmal sozialschwach, arbeitslos, gehandikapt sein oder Migrationshintergrund haben muss, um in Deutschland ausgegrenzt zu werden.
Laut Statistik stellt die Ethnie „Menschen mit XX-Chromosom" etwas mehr als 50% der deutschen Bevölkerung.
Unsere Gesellschaft leistet sich etwas! Mann gönnt sich ja sonst nichts. Was für eine Verschwendung an Ressourcen!

***

Wer fortwährend pünktlich unpünktlich sein kann,
kann auch pünktlich sein.

***

Was an Science Fiction immer wieder verblüfft:
a. Die eine oder andere Utopie ist mittlerweile oder wird Realität.
b. Die Technologie hat sich weiter entwickelt,
c. nur der Mensch nicht.

***

Nachrichten über das Leid der anderen
erfüllt uns Menschen anscheinend mit mehr Zufriedenheit
als Nachrichten über die Zufriedenheit der anderen.
Warum sonst überwiegt diese Art Nachrichten in den Medien?
Empathie-Training oder Einschaltquote?

***

Politisches Talent.
Ein Thema rhetorisch so zu besetzen,
dass jeden das Gefühl überkommt,
es wäre von demjenigen
tatsächlich endlich etwas verändert worden.

Es gibt kaum etwas umsonst.
Mögliche Währungen dafür sind
Geld, Naturalien, persönliche Daten, Applaus, Zuwendung,
Empfehlung, Abhängigkeit, Zugehörigkeit ...

Nur wer den Preis kennt und sich diesem bewusst ist,
kann entsprechend entscheiden.

Der Preis wird aber nicht immer von anderen formuliert,
sondern auch von einem selbst unterstellt – oft
im Sinne einer Gegenseitigkeit, dem Gefühl einer offenen Schuld.
Dies sollte ebenfalls bewusst sein.

Der Preis einer Tat kann aber auch eine Forderung sein.
Nämlich selbst erfolgreich zu werden,
wieder auf die Beine zu kommen,
selbst Gutes zu tun ...

***

Entscheide dich!
Gestalter oder Opfer?

***

Das Zusammenleben ist eines der schwersten.

***

Frauen sind das kollektive Gedächtnis der Familie.

***

Es gibt Ratgeber und Ratschläger.

***

Fähigkeiten sind persönliches Vermögen.

***

Ei, ne Philosophei
Was zuerst da war?
Wahrscheinlich das Ei.
Denn es denkt oft,
es sei klüger als die Henne.
Manchmal eiert es rum.
Es gibt verlorene Eier.
Und öfter auch mal Rührei.
Das Ei des Kolumbus:
etwas (mehr) Zeit zum Nachdenken nehmen.
Vorher.

VERLAGSPRODUKTE

PERSPEKTIVEN

Das Schwarze und das Weiße

INNOVATION GESTALTEN

Planungssysteme • Fachbücher • Seminare • Workshops • Vorträge